乡村振兴战略之乡村人才振兴

桑蚕高效生态种养技术

周其明 陈爱军 王群英 主编

Sang Can Gao Xiao Sheng Tai Zhong Yang Ji Shu

中国农业科学技术出版社

图书在版编目（CIP）数据

桑蚕高效生态种养技术／周其明，陈爱军，王群英主编.—北京：
中国农业科学技术出版社，2018.11
ISBN 978-7-5116-3829-8

Ⅰ.①桑… Ⅱ.①周…②陈…③王… Ⅲ.①蚕桑生产 Ⅳ.①S88

中国版本图书馆 CIP 数据核字（2018）第 262772 号

责任编辑　徐　毅　贾　伟
责任校对　李向荣

出 版 者　中国农业科学技术出版社
　　　　　北京市中关村南大街 12 号　邮编：100081
电　　话　（010）82106643（编辑室）　（010）82109702（发行部）
　　　　　（010）82109709（读者服务部）
传　　真　（010）82106631
网　　址　http://www.castp.cn
经 销 者　各地新华书店
印 刷 者　北京富泰印刷有限责任公司
开　　本　850mm×1168mm　1/32
印　　张　7.25
字　　数　190 千字
版　　次　2018 年 11 月第 1 版　2018 年 11 月第 1 次印刷
定　　价　30.00 元

《桑蚕高效生态种养技术》
编写人员名单

主　编　周其明　陈爱军　王群英

副主编　杨四同　孙军利　王彦霞　张英肖

编　者（按姓氏笔画排序）

　　　　王　亮　王彦霞　王群英　孙军利

　　　　杨四同　李永朋　张英肖　陈爱军

　　　　周其明

前　言

　　蚕桑业是传承悠久历史文化的传统产业，是生态环保可持续发展的特色民生产业，是美化环境提高生活品质的朝阳产业，国内外市场的持续拓展以及蚕桑资源多用途开发，为古老的蚕桑业在新时期的发展提供了广阔的前景。

　　近几年，河南省不少县、市已将蚕桑作为帮助当地实现脱贫致富和乡村振兴的优势产业来抓，干部群众发展蚕桑产业的积极性空前高涨。但是，现代蚕桑业的发展与传统相比已经发生了质的变化，其基本特征：一是资源的深度开发和高效利用；二是产业链的拓展和产业间交融；三是环境友好和可持续发展。因此，传统的蚕桑生产模式受到了很大的挑战，劳动力、技术、成本、效益等多方面的因素已制约了蚕桑产业的发展，必须探索一条新型的适应蚕桑规模化、功能化、高效化的产业发展之路。面对新要求，如何进一步提高蚕桑产业的经济、社会和生态效益是我们面临的一个重要课题，解决这一问题的关键在于尽快在农村普及和推广一套行之有效、科学全面、简单实用的操作技术。基于此，我们编写了本书。

　　本书立足于河南蚕区的生产实际，根据最新资料和科研成果,详细介绍了桑树栽培与管理、家蚕良法饲养、蚕桑病虫害综合防治、省力化养蚕与桑园管理、蚕桑资源多元化利用、桑园复合经营、蚕桑新机具的应用等新技术。可供广大基层蚕桑专业技术人员、蚕桑专业户、种养大户、合作社负责人学习使用,也可作为蚕桑技术培训班教材。

　　本书在编写过程中得到了河南省蚕业科学研究院的大力支持,在此表示感谢。由于时间仓促、水平有限,尚有些技术和经验未能收集归纳进来,内容上难免有许多不妥之处,恳请读者批评指正。

编　者

2018 年 9 月

目　　录

第一章 桑树生物学基础与栽培技术

栽桑是发展蚕桑生产中的重要环节，桑树栽植质量的好坏与桑园的群体结构、丰产性能、盛产年限、耕作机械化和其他管理工作都有密切关系。如果能够科学栽植，就容易实现叶质好、管理方便、高产、稳产的目标。否则，就收不到良好的效果，甚至前功尽弃。

第一节 桑树生长发育适宜生态条件

桑树生长发育与外界环境条件密切相关。环境条件适合时，桑树能正常生活。反之，则会引起桑树生长不正常，甚至死亡。

一、光照

光质与桑树生长有很大的关系。波长 600~700nm 的红光和波长 300~400nm 近紫外光对桑树生长有促进作用，而波长 450~600nm，尤其是波长 450~550nm 的蓝绿光，对桑树则有明显的抑制作用。桑树对日照长短变化有明显的反应。桑树属长日照植物，一般春季开花，在长日照条件下，桑树的生长被促进。秋末日照缩短、昼夜温差增大的条件，则有利于促进桑树养分的积累和枝条的木栓化，使桑树逐渐停止生长。

二、温度

在一定的温度条件下，桑树才能正常进行呼吸作用、蒸腾作用、光合作用。当春季气温上升到12℃以上时，冬芽开始萌发，抽出新枝叶。发芽后随着气温的升高，桑树生长加速。25~30℃是桑树生长的最适温度，一般在桑树生长旺盛季，一昼夜内新梢可生长2~3cm。气温超过40℃时，桑树生长反而受到抑制。当气温降至12℃以下时，桑树停止生长，并开始落叶，进入休眠期。直接受到光照的桑叶，其叶温要比气温高2~5℃，而桑园内部的遮阴桑叶，其叶温则低于气温。

土壤温度主要影响桑根生长和吸收机能。当土壤温度在5℃以上时，桑根开始吸收水分和氮素等营养元素。随着地温的上升，桑根吸收机能增强，但超过40℃时，桑根的吸收机能反而衰退。春季地温上升到10℃以上时，开始长出新根。最适宜桑根生长的地温是25~30℃。地温30℃左右时，桑枝扦插的发根量最多。地温高于40℃或低于10℃时，桑根的生长几乎停止。

三、水分

全株桑树的含水率为60%，叶片为70%~80%，枝条为58%~61%，根为54%~60%，休眠芽为45%。桑树在生长期间的蒸腾量与光合作用合成的干物质之比称蒸腾系数，通常以合成1g干物质所需的蒸腾量来表示。一般桑叶合成1g干物质消耗200~400g水。适合桑树生长的土壤最适含水量为田间最大持水量的70%~80%，其中砂土约为70%，壤土约为75%，黏土约为80%。据调查，当土壤有效水量失去1/3时，新梢和根系生长开始减慢，3天后部分叶片出现萎蔫，当有效水量失去2/3以上时，新梢生长几乎停止。当土壤干旱到接近萎蔫系数时，如果立即灌水补充水分，大约2天内新梢可恢复生长。

四、空气

空气中的二氧化碳、氧以及尘埃、水蒸气、雾等直接影响桑树的光合作用和呼吸作用，氧在空气中约含21%，它对桑树的呼吸起直接作用。地面上的空气是充分的，能满足枝叶呼吸作用的需要。但桑园土壤往往由于土壤结构不良，水分过多，容易发生氧的不足，应重视土壤耕耘、增施有机肥料、改善土壤结构等措施，使土壤保持良好的通气条件。

在空气中游离氮的含量达78%，但桑树不能直接利用，必须经过豆科植物的根瘤菌及土壤中固氮菌的固定转化后，桑树才能吸收利用。因此，桑园内间作豆科植物或施用细菌肥料等，都是提高土壤肥力的有效措施。

空气中的尘埃、水蒸气和雾等，对桑树生长有影响。一些工厂释放出的有害气体，如氟化氢和硫化物等，对桑树生长危害较大。如二氧化硫通过气孔进入叶组织与水结合生成亚硫酸，引起叶绿素分解和组织脱水，使叶片光合能力下降。

五、土壤

一般栽培桑树的根系入土深度可达 1.5m 左右，但桑树的吸收根主要分布在耕作层中。要求桑园的耕作层不少于 20~25cm。

桑树对土壤酸碱度的适应性较强，在 pH 值 4.5~9.0 的范围内都能生长，但在中性或略偏酸性的土壤中生长最好。土壤酸碱度除直接影响桑根生长外，还影响土壤中矿质元素的溶解度及有益微生物的活动。在 pH 值 5.5~7.0 范围内，土壤中的有效养分较多，对桑树生长有利。

表土层含盐量在 0.3% 以上时桑树生长困难。实生桑树耐盐性较强，一般认为含盐量在 0.2% 以下的轻盐碱土可以栽桑。

六、生物（杂草及间作物）

桑园内的杂草、间作物以及人为地采伐收获，对桑树生长也有较大的影响。桑园内的杂草应尽可能及时清除。但是，也有认为桑园内的杂草生长量在 $210g/m^2$ 以下时，并不对桑树正常生长表现明显妨碍，可以此作为桑园杂草生长的容许界限。桑园间作应做到因地、因时制宜，采用适宜的间作形式，选择优良的间作物种类和最佳的间作时期，减少桑与间作物对水、肥和光等需求方面的矛盾，做到相辅相成，取得桑叶和间作双丰收。

第二节　桑园规划

桑树是多年生木本植物，正常的生产年限 20~30 年，甚至更长，一经栽培，就不能随便更改，否则会造成极大浪费。因此，建立桑园前，要周密考虑，统筹安排，先做好规划工作。在制定规划时，应注意以下几点。

一、选择具备蚕桑生产发展基本条件的地区

首先，是要考虑气候温暖、水量充沛的地区。4—9 月平均气温在 13℃ 以上，且有水源（丰产桑园密度大，对肥水条件要求较高），降水量最好在 800mm 以上，或降水量少但有水源和灌溉条件的地区。其次，就是劳动力要充足的地区，每户要有 1~2 个壮劳力。第三，是蚕桑生产在当地有竞争力的地区，即经济欠发达蚕桑生产比较优势较大的地区。

二、选择适宜的土地

桑树对土地有较大的适应性，全国大多数地区都可以栽培，丘陵山地、河滩、河堤以及"四旁"空隙地均可种植，但最好

选择土层深厚、土壤肥沃、排灌方便、近村周围的平坦地块。与过去桑园不占耕地有区别，现在追求的是高效益。我省近年来大力发展围村桑园，既能充分利用土地，又能利用辅助劳力养蚕。桑园土壤以砂质壤土为好，土层愈深愈好，至少要有 80cm 以上的耕作层。土壤含水量以最大持水量的 70%～80% 为好，土壤 pH 值 6.5 左右为佳。

三、形成规模

现代蚕业发展要求经营规模化，一般经营户应有 5～10 亩（1hm² = 15 亩，1 亩 ≈ 667m² 全书同）桑园为宜，重点户 10～20 亩。桑园要相对集中成片，形成一定规模。可以户与户联合、村与村连片，便于现代化作业的实施。每村 500～1 000 亩、每乡 3 000～5 000 亩，成为一个主导产业，便于统一管理、统一指导生产，妥善解决技术指导、物资供应、经营管理。既能使农户有一个较高而稳定的收入，又能打破那种蚕桑生产只能脱贫而不能致富的传统观念。从而，做到"规模出效益"。

四、远离污染源，保证蚕作安全

砖瓦厂、水泥厂、化肥厂、冶炼厂等企业，在生产中不可避免的排放出煤烟、废气、微尘等，其中常含有多种有毒物质，会影响桑树生长和引起蚕儿中毒。因此，一般工厂、矿山周围 1km 以内不宜发展桑园，对冶炼铝铜等工厂周围 10km 内不宜发展桑园。种植烟草、棉花、果树等田地周围 100m 内不宜栽桑，避免其喷农药时污染桑叶使蚕儿中毒。

五、建立稚蚕专用桑园

为了能适当提早养蚕，调节养蚕与农忙矛盾，可按桑园面积的 10% 建立稚蚕专用桑园。专用桑园选用发芽早、成熟快、叶质好的早生桑品种，另外，专用桑园应选在地势高燥、日光充足、排灌良好和采叶方便的地点。栽植密度应比一般桑园稍稀，每亩栽 600~800 株，不可太密。否则，桑园郁闭度大，通风不良、日照不足，致使桑叶光合作用不充分，含水分多、蛋白质和碳水化合物下降。用这样的桑叶饲养稚蚕容易发病，减蚕率增加。

六、选择适宜品种

桑树品种的优劣，与桑园单位面积的产叶量和叶质有密切关系。同时，对不同地区的适应性也有差异。我国地域辽阔，各蚕区都有适应当地气候特点的优良地方品种。因此，在建立桑园时，要慎重选择品种，选抗逆性强、产量高、叶质好适应当地自然条件的优良品种。另外，根据规划选择适合稚蚕专用园的早生桑品种。

七、确定行向

桑园的行向主要由地块的方位来决定。一般以南北向为好，有利于桑园通风透光，促进桑树生长和提高叶质。滩地栽桑，应按顺水流方向、免受洪水危害。丘陵缓坡地应按等高线栽植。

八、修筑桑园道路系统

为使桑园管理和运输方便，应根据需要设置不同宽度的道路。一般大面积桑园的道路由干路、支路和小路三级组成。干路贯通全园，与公路及养蚕地点相连，路面宽度一般 5~6m，以便汽车通行。小区间设支路，路面宽度以行驶拖拉机为原则，一般 3m 左右。小区间可设置小路，路面宽 1m，能行人即可。

九、建设桑园排灌系统

建立桑园时，不论平原或丘陵山地，都要设置适当的排水和灌溉沟渠。桑园的排灌沟渠应在栽植前后开挖，沟渠的走向应顺着桑园四周，紧靠道路、畦沟都设在行间，一般不另外占用土地。此外，要设置通往河塘或其他水源的排灌沟渠。平原地区桑园沟渠，可排灌两用；低洼地桑园，除在每个行间开挖畦沟外，还要在园地四周挖深沟、引向河塘，以便迅速排出积水；丘陵山地桑园，应顺等高线栽植的桑树行内侧挖支渠，并通向上坡的干渠。

第三节　桑树栽植

桑树栽植技术，与定植后的成活率和初期生长有密切关系。因此，除做好种植前的土地翻耕和基肥施用工作外，还要选定种植时期和方法，做好桑苗准备，合理决定种植密度、科学制定桑园规格，注重栽植后的管理工作。

一、栽植时期

桑树自然落叶后至第二年春季发芽前均可栽植。此时，桑树正值休眠时期、树体内养分贮藏多、生理活动微弱、蒸腾失水量少、栽后成活率高。习惯上把春节前栽桑叫冬栽，春节后栽桑叫春栽。河南以冬栽和春栽为多。

1. 冬栽

冬栽在桑树落叶后至土壤封冻前进行，可以充分利用农闲劳力及充足时间调运苗木，如河南近年多采用冬栽。冬栽苗根与土壤密接时间长，发芽时间较春栽的提早 7～10 天。冬栽不能过晚，还要防止桑苗遭受冻害。

2. 春栽

春栽在土壤解冻后到桑芽萌发前进行。春栽愈早愈好，一般在 3 月上旬进行，北方寒冷地区常在 3 月下旬到 4 月上旬进行。

春栽桑苗不易受冻害，栽后定干剪下的苗干枝条可作接穗。在此时期内，一般早栽比晚栽好。春栽过迟往往因气温升高，桑芽已萌动，而根系尚未与土壤很好密接，地上部分与地下部分生长不平衡，若遇恶劣天气，桑树就会降低成活率。

二、建园准备

（一）土地准备

桑树是深根植物，在土层深厚且疏松的土壤中根系，大部分分布在80cm以内的土层中；在土层坚实的土壤中，根系大部分分布在40cm以内的土层中。这说明疏松土壤根系分布深广，扩大了吸收面，而且，地上部分生长旺盛，抗旱能力增强。因此，栽桑前要做好土地整理工作，包括土地平整、深翻和施基肥等工作。这样可以改善土壤的理化性状和微生物的生活条件，加速土壤熟化、提高土壤肥力，为桑树生长发育创造良好的土壤条件。

1. 土地整理

首先，要平整土地，保证能灌能排，山坡地要筑好水平梯畦。其次，就是每亩用3 000~5 000kg土杂肥、有机垃圾、堆肥、厩肥、河塘泥等有机肥，均匀的撒施于地表。最后，要全面深翻，深度达40cm以上，土壤深翻可以促进根系生长。

2. 深挖栽植沟（穴）

按照桑树栽植株行距挖掘栽植沟（穴）。栽植沟适用于宽行密株种植形式的桑园，而栽植穴适用于株行距较宽和零星种植的桑园。深挖栽植沟（穴）既能节省劳力，又能达到局部深翻的目的。栽植沟的深度和宽度50cm左右，栽植穴的深度和宽度以50cm左右为宜。挖沟（穴）时把表土和心土分别堆放在植沟两侧，并挖松沟底的土壤。

3. 施足基肥

桑树根系分布深而广，一经栽植，要在各自的定植点上生长几十年，因此，对肥料要求高。栽桑时，坚持施足基肥有利于桑树快速进入盛产期，达到高产稳产。亩施基肥的用量，视种植密度、肥料的种类不同差异很大。一般种植密度大、肥料品质差的增加施入量，如普通农家肥秸秆成分多，每亩施量 3 000~5 000kg，开深沟施入；反之，施肥量可适当减少，如油枯、鸡粪等，亩施量需 300~600kg。最好，每亩加 60~70kg 过磷酸钙，掺细土拌匀作底肥。注意施入基肥后，必须填盖 10cm 左右的表土，防止肥料腐烂发热损伤苗根。

（二）桑苗准备

1. 苗木的选择

选择苗木时，要求桑树品种要适合于当地的生态条件；丰产、抗病品种不应太单一；品种纯一（实生苗、杂苗剔出）、苗木新鲜（不冻、不晒、不干）、苗木主干粗壮、冬芽饱满、根系完整（主侧根不短于 20~30cm、不劈裂）、主根发达、须根多呈鲜黄色、无病虫害寄生感染等；嫁接苗的嫁接部位愈合要良好；扦插苗和压条苗的根要多、根粗，分布均匀。若苗木大小不齐，大小苗要分开。大小苗可分别栽植，使桑树生长齐一。较小苗栽植后，应重点加强桑苗培肥管理，促进生长。

2. 苗木的修整

（1）苗根的修剪。为了便于栽植，应将严重劈裂根、损伤根、病虫根、干根、冻害根等剪去，过长根为便于栽植也可轻剪。桑根是贮存养分的部位，栽植时应尽量保留完整根系。剪根越少越好，以少剪多留为原则，且注意剪根断面要平滑，以利愈合、速发新根。苗根的修剪一般齐根系分权处剪去。劈裂根齐基部剪去，一般根留长 15cm 左右，便于栽植。但根系不能修剪得太短、太少，以免影响桑苗成活与生长。扦插苗和压条苗，应修去老枝的枯死部分。修根应在遮阴的地方进行，防止太阳晒枯细根。

（2）苗根的消毒。苗根的消毒可用 2%~5% 的石灰水浸泡 5~10 分钟或用 1% 的硫酸铜溶液浸 1 小时、55℃ 的温水浸泡 10 分钟，以防萎缩病、根结线虫病、紫纹羽病等病害传播。

（3）失水苗木的处理。若苗木失水过多，苗木根部处于干萎状态，可将苗根浸入泥浆中 1 天左右，待根系回润后栽植。方法是找土质好的地方，挖一 70cm 见方的池子，倒入清粪水（2 桶水对半桶清粪水），并加入 0.5kg 的磷肥制作泥浆。将分级修剪好的每捆 40~50 株桑苗的根部浸入其中。这种处理既增加苗体营养，又防止桑根萎蔫。

（4）栽前假植。桑苗买回后，2~4 天内能种下的，可堆放在阴凉潮湿处。捆与捆之间留些空隙，最上层盖一层稻或麦草。经常浇少量水于草上，以防桑苗干枯，但浇水也不能太多，水太多桑会长出新芽，降低栽植成活率。堆放高度不能超过 50cm，以防发热而死。4~10 天内才能种下的，可选避风处，挖深 40cm，宽 35cm 的假植沟，将桑苗成把（100 株/把）直立或斜放在沟内，理直苗根，先填细土，使苗根和土壤密接，再填土踏实，要把苗干的 1/3~1/2 埋入土中。若半个月之内无法栽种下地的，要选浇水方便的地块，按行距 10cm 开沟，沟深 15cm，桑苗分株沿沟斜放，盖土埋根即可。

三、桑树栽植

（一）栽植形式

每亩栽植株数确定后，还要有相应的栽植形式和株行距配合，才能保证每株能均匀地获得光、热、水、肥等条件，以利于桑叶优质高产。主要的栽植形式有宽行密株与宽窄行两种，目前，许多新蚕区为了便于机械化桑园管理，大多选用宽行密株形式。

宽行密株是株距减小，行距加大，既能保证一定的栽植株数，又能保证行间通风透光和便于人工施肥、喷药、修剪、机耕和运输等。宽行密株是目前普遍采用的一种栽植形式。但行距不宜过宽或株距过窄，否则，就会出现初植期间光能浪费现象。个体之间过密，相互抑制，造成株间差异大，甚至会出现死株现象。常用的有每亩栽 600 株的，行距 167cm、株距 67cm，或行距 200cm、株距 53cm；每亩栽 800 株的可采取，行距 167cm、株距 50cm，或行距 200cm、株距 40cm（建议河南省各蚕区重点推广这种模式）；每亩栽 1 000 株的，行距 167cm、株距 40cm 等栽植形式。

（二）栽植深度

栽植深度标准以桑苗根颈处为准，埋没根颈部小于 10cm 的为浅栽，大于 10cm 的为深栽。河南省提倡浅栽，一般埋没根颈部 5~8cm 为宜。沙壤及壤土可掌握浅栽偏深，而土紧的黏壤及重黏壤应掌握浅栽偏浅。小苗栽植稍浅，袋接苗及大苗栽植可稍深。深栽适于缺水高地、沙土地、盐碱地及无水浇条件的土地，中干、高干养成的桑园也应深栽。浅栽表层地温回升快、透气性好、新根产生快、发芽早、生长旺。但过浅往往会因缺水而死苗，或苗干萎缩而生长不旺。深栽根系接触的土壤湿润，温湿度变化小，有利于桑苗成活及根系向纵深发展。但过深时，深层土壤温度较低，透气性差，会影响根系的呼吸、吸收及生长发育，导致桑苗发芽迟、生长慢甚至死亡。

（三）定植

桑苗定植质量，与成活率和幼树生长发育关系极大。根据桑树生理要求，必须做到"苗正、根舒、浅栽、踏实"。栽植时，按预定株行距定位，把桑苗垂直放入栽植沟（穴）内，使苗根舒展。然后，将表土填入根部，手轻轻提一下苗干，达到苗正根伸。然后，把土踏实，使根系与土壤紧密接触。最后，在根部周围壅土，干旱地区可略低于地面，以便积纳雨雪水，而雨水多的地区宜呈馒头状，以防积水。栽植桑苗时，应防止苗根与基肥直接接触，须将基肥填土隔离。定植后，可在苗根部透浇定根水。冻土和下雨天不要栽植。一锄头种一株桑的懒惰方法千万不要采用，对桑树生长极为不利。

四、栽植后管理

桑苗栽植后，要加强管理，可以提高成活率，促进生长及树型养成。栽植后管理，有以下几项工作。

1. 定干

春季桑苗栽植后，应及时按树型养成要求剪切苗干，以保证主干的养成。剪除时，与平时伐条一样。剪干部位在目的高度的顶芽上方0.7cm处，向芽的反面剪成马蹄形斜面。剪下的苗干可作接穗或插穗，要及时贮藏好。冬栽或大风干旱地区，应于第二年春季桑树发芽前进行定干。如果当时定干，剪干高度应比预定高度稍高，防止枯桩影响定干部位的新芽萌发。

2. 剪枯桩

桑苗成活以后，有一部分桑苗上部的剪口芽不发芽，而是从下部发芽，使桑芽上部形成枯桩。枯桩虽不消耗营养，但易散失水分、削弱树势，易受病虫危害。应及时剪去枯桩，如不及时剪去越死越多。

3. 查苗补植

桑园如有死株，就会影响单位面积产叶量。苗木发芽成活后，要及时检查，如发现死株，拔除死苗，及时补植。补植后的桑树，应加强管理。在桑树栽植时，应另栽植一些预备苗，以备补植缺株用。

4. 灌溉排水

保持土壤适宜的水分是新桑成活和生长的关键，应视气候和土壤干旱情况，及时要灌水。多雨或凹地积水过多的地方，要排水。冬春季容易干旱时，可采取相应的灌溉措施，每 10 天一次，直至雨水来临，以确保桑树成活。

5. 松土除草

经过一定时间后，特别是雨后土壤容易板结，加上新桑园行间空旷，杂草容易丛生，土壤水分蒸发量大，威胁幼桑生长。因而，必须及时清除新桑园中的杂草。在除草的同时，雍土踏实新桑根部，保证新桑正常生长。

6. 施肥

桑树栽植当年，在施足基肥的基础上，要追肥。一般在新桑发芽开叶后，施粪水或尿素水肥 1 次。以后根据新桑生长情况，追施肥 1~2 次。施肥量为每亩施尿素 5~10kg 或复合肥 10~15kg。小树阶段每次施肥量不宜过多，一般为成林桑的 1/3 左右，应做到吃多餐。

7. 做好桑园清杂工作

据调查，新拓桑园中，前茬为麦田、油菜田的比例比较大。如不及时清理桑树周围的麦苗、油菜，夏粮成熟前，蒸发量太大，势必带走大量水分，严重影响桑树成活率和桑树的正常生长。因此，凡栽植在麦田、油菜地等的桑树，将桑树两侧的麦子、油菜等各铲去 66cm 左右，可减少其与桑树争夺养分，使桑树光照充足，有利于桑树进行光合作用。空地栽植的可在新桑根部 66cm 外，间作适宜的矮秆经济作物。

8. 疏芽

桑树发芽后，新芽长到 10~15cm 时，要根据树形养成的要求，进行疏芽。疏芽时，注意留下的芽，分布方位角度适中，以便养好树形。根据去弱留强、去密留稀、见空就留的原则，及时疏去过密、横生、并生、下垂、止心和病虫芽等新芽。一般每株新芽保留 3~4 个健芽，其余疏去。

9. 平衡树势

平衡树势是快速形成丰产群体的措施之一，这一工作须从定植后就开始。虽然栽植时大小苗分植，由于病虫害等原因，生长中仍会出现强弱株。栽植第一年要注重病虫害防治，及时对弱株施用偏心肥。对只发一芽的要从离地 20~25cm 处重新定干，促进腋芽萌发形成多条；对生长过旺条打头并结合养蚕多采叶片抑制生长，对弱条不用叶或少用叶促进生长。

10. 治虫

如果害虫很多可在桑苗发芽前后用 50%辛硫磷 1 000 倍液或用20%三氯杀螨醇 2 000 倍液，主要防治鳞翅目害虫；用 80%敌敌畏1 000 倍液或用 50%甲胺磷 1 500 倍液，主要防治桑象虫、金龟子等害虫。如果害虫很少，可采用人工捕捉的办法进行防治。

第四节　桑树树形养成

桑树栽植后，如果任其自然生长，形成树形高大的乔木桑。其枝干杂乱、枝密条细、透光差、叶形小、花果多、病虫容易寄生、采叶和管理都不方便。因此，在桑树栽种后，须根据桑树的生长发育规律，结合生产的需要，进行合理修剪，养成一定的树形。

一、树形养成的好处

1. 树形整齐，收获管理方便

养成树形后，树干高矮适中，树形整齐，枝叶分布均匀，充分利用空间，通风透光好，便于田间管理和桑叶采收。

2. 减少花果，养分集中

随着树龄增长，花果逐年增多、消耗的养分也增多、产叶量相对减少。通过剪伐，能抑制生殖生长、促进营养生长、使花果减少。

3. 增加产叶量，提高叶质

桑树剪伐后，树干部分比例大幅度减少，使养分集中。有利于枝叶的旺盛生长，条长增加、叶片增大加厚；同时，通风透光好，光合作用增强。因此，桑叶产量高、质量好。

4. 减少病虫害

桑树每年剪伐，寄生在枝条上的病虫可随剪伐而除去，减少病虫蔓延。

二、养成方法

（一）低干桑养成法

低干桑的树形低矮，栽植密度大、养成时间短、成林快、收获早、产量较高。培养方法如下。

桑苗栽植后的第一年，发芽前离地面 25cm 左右剪去苗干，即为主干。桑苗发芽后，当新梢长到 10～15cm 时进行定梢，选留位置匀称的健壮条 3～4 个任其生长，其余的全部疏去。如果有的植株只发一个芽，则待芽条长到 20cm 左右时，剪去顶梢，促进腋芽萌发。同时，补足水、肥，让植株培养成 3～4 根枝条，其余的芽全部疏去。当年秋季，可采用一些下部桑叶喂蚕。每根枝条应留 1/2 以上的叶片，使继续进行光合作用，积累贮藏养分。

第二年在春蚕 4～5 龄采叶后，离地面 50cm 左右夏伐，养成一级支干。发芽后，在夏蚕期进行疏芽留芽，每个支干上选留 2～3 个芽任其生长，其余的芽疏下养蚕。

第三年起，按照成年树在春壮蚕期采叶后夏伐。如果要养成无拳式，则每年夏伐时在枝条基部留 5cm 剪定；如果要养成拳式，则于枝条基部伐条。

（二）中干桑养成法

中干桑用于栽植密度较稀的桑园，其树形较高。中干桑养成方法，大体和低干桑相同。具体步骤如下。

桑树栽植后第一年，春季发芽前，在离地面 40~50cm 处剪梢定干，养成主干。新芽生长到 10~20cm 时，选留上部着生位置匀称、生长健壮的新梢 3 个，其余疏去喂蚕。当年，养成 3 根枝条。同时加强培肥管理，促使新梢生长粗壮。早中秋不采叶，晚秋蚕期可进行剪梢，梢叶可养蚕。

第二年春天，发芽前离地面 65~70cm 处剪定，养成第 1 支干。发芽后，每条支干上选留分布匀称而健壮的新梢 2~3 个，其余疏去养蚕，每株留 5~7 根枝条生长。中秋蚕期，自下而上采枝条上 1/2 的桑叶喂蚕；晚秋则剪梢养蚕，但枝条仍留 8~10 片叶，继续进行光合作用，积累养分以利生长。

第三年春天，发芽前离地面 95~100cm 处剪定，养成第 2 支干。发芽后，每条支干上选留分布匀称而健壮的新梢 2~3 个，其余疏去养蚕，每株留 8~12 根枝条生长。中秋蚕期自下而上采枝条上 1/2 的桑叶喂蚕；晚秋则剪梢养蚕，但枝条仍留 8~10 片叶，继续进行光合作用，积累养分以利生长。

第四年春蚕期，提早夏伐。在离地面 105~120cm 处剪定，养成第 3 支干。发芽后，每个支干上留 2~3 根枝条，每株养成 15~20 根枝条。如要养成无拳式，则每年夏伐时在枝条基部留 5cm 剪定；如果要养成拳式，则于枝条基部伐条。

三、树形养成注意事项

（1）选留桑条时要掌握"去弱留强、去密留稀、照顾方位"的原则。剪定部位要确定在桑条冬芽的上方、不能在冬芽下方，避免枯桩。确定树干高度后，每年都要在同一高度的桑条基部剪伐桑条，以免形成过多枯桩、影响树势。

（2）在树形养成阶段，为养成强壮的树干及增强树势。桑树伐条一般采用春伐，不宜用夏伐。

（3）树形养成过程中，应掌握少采桑叶的原则。尤其是夏秋叶过度采叶，会使树势衰弱；秋季利用桑叶时，枝条上部应留8～10片叶，保持幼树的生长。

（4）及时防治病虫害，不使留养的枝或干受到损伤，保证树形的整齐。

第五节　桑叶收获

桑树栽培的目的是采叶养蚕。桑叶是桑树的同化器官，树体（包括根茎叶）的增长和生命活动进行都是依赖于叶片内制造的有机养分，因此，必须合理收获桑叶。

一、桑叶的收获

（一）收叶方法

1. 确定收叶方法的原则

收获桑叶是按照蚕的发育程度，分期分批采用各龄期的适熟叶。同时，兼顾桑树生理，尽可能做到产叶量高、叶质优良，不损害或少损害桑树生理，以利桑树持续增产。

2. 收叶方法

（1）片叶收获法。摘叶留柄，适合于小蚕和夏秋蚕用桑。片叶收获有叶柄摘和捋叶两种，叶柄摘即摘叶留柄，一般用于稚蚕用叶和夏秋蚕期的桑叶收获。摘叶后的母枝继续生长，不损伤腋芽。因夏秋蚕期的枝条是明春发芽长叶的基础，要保护腋芽不受损伤，所以人工摘叶片虽然效率不高，人手需要量大，但对桑树生理危害小，仍需贯彻。捋叶常用于春蚕壮蚕期，捋叶后的枝条立即剪伐，捋叶的效率比叶柄摘提高4倍，人手需要量小，比叶柄摘省时省工。

（2）全芽收获法。生长芽和止心芽统称芽叶，其中叶片约占 75%~80%，新梢梗约占 20%~25%。一般适合春壮蚕期用桑。全芽收获法是把枝条上的新梢芽整个采下，以供养蚕用。

（3）伐条收获法。连枝带叶收获的方法称为伐条收获法，包括一年生枝条和芽叶。一般在春蚕壮蚕期剪取条桑，然后捋叶喂蚕或以条桑直接喂蚕，此时剪取称夏伐，一般条桑中枝条重量占 45% 左右，芽叶重量占 55% 左右。也可在晚秋结合剪梢，剪取带叶梢条进行晚秋蚕条桑育。此时，剪梢注意时间，勿使腋芽萌发，剪后留叶 3~4 片。此法比普通摘叶法效率提高 5~6 倍。

（二）合理收获

1. 春叶的收获

（1）春季桑树的生长规律。春季桑树开叶后到 5 月上旬，桑树处于缓慢生长阶段。桑树从 5 月上旬开始到 5 月下旬，处于旺盛生长阶段，平均每 3~4 天长一叶。一般枝条下部的芽，开 3~4 片后即停止抽长，成为止心芽。其上叶片在春蚕三、四龄期即已成熟。枝条上部的芽，能不断生长，成为生长芽，也称新梢。春季叶子从开叶到成熟需 25 天左右。桑树从 5 月底开始，叶面积指数达到 10 以上，生长减慢，开始为夏伐后重新发芽贮存营养。

（2）春季收叶方法。春季一、二龄蚕期，选摘新梢上的适熟叶片；三、四龄采枝条中下部的止心芽；五龄分批收获全部叶片，分批夏伐。

2. 夏秋叶的收获

（1）夏秋季桑树的生长规律。桑树从夏伐到重新萌芽，经过 7 天左右的时间。6—8 月是桑树的旺盛生长期，约占总生长量的 85%，平均每天生长 2cm，每 2 天长一片叶，一般 6 月 3 天长两片叶，7 月 2 天一片叶，8 月 3 天一片。在正常情况下，从开叶到成熟约 17 天左右。9 月后，随气温下降，生长逐渐缓慢，平均每三天长一片叶。9 月份的生长量约占总生长量的 15%。此时桑树的光合能力仍很旺盛，为越冬贮备营养。

（2）夏秋季收叶方法。①夏季桑叶收获方法。疏芽叶、脚叶（新梢下部 4~5 片叶）、夏伏条叶。②秋季桑叶收获方法。早秋每根条保留 10 片叶以上；中秋保留 8 片叶以上；晚秋保留 6 片叶左右。

二、桑叶估产

正确预测桑叶产量是保证叶、蚕平衡的前提，是制定养蚕计划的重要依据，也是夺取蚕茧丰产的重要因素之一。否则，会导致桑叶不足或过剩，造成生产损失。桑叶产量因品种、树形、树龄、培肥管理、栽植密度以及气候条件等不同而有很大差异。因此，必须根据当地的具体情况，并参考历年产叶量情况进行估产，这样可减少误差。

（一）春蚕期桑园估产

春蚕期桑园估产的方法有根据枝条长度估产和根据芽数估产两种。

1. 根据枝条长度进行估产

一般在桑树落叶后到发芽前进行，估产时根据桑树生长情况，将桑园划片分类，并查清株数，而后在各类桑园中分别抽样测定。抽样时可随机取样或对角线取样。每类桑园取有代表性的样本 10~20 株，株数多些更好。调查样株的条数和条长，得出样株的总条数和总条长，然后算出每株的平均条数和每株平均总条长，乘以每米条长产叶量（参考历年调查资料并根据当年桑树生长情况定），即得单株产叶量。然后，再乘以全园株数，即可得全园桑树产叶量。一般湖桑的每米条长产叶量，可按 90g 左右计算，培肥管理较好的按 105g 左右计算，丰产桑园按 135g 计算。

2. 根据芽数估产

在发芽前调查时，用每 1kg 桑叶的冬芽数计算。在发芽后调查时，以每 1kg 桑叶的发芽数计算。估产桑园时，调查样株的冬芽数或发芽数。算出每株平均芽数，然后除以每 1kg 桑叶的冬芽数或发芽数，即得每株平均产叶量。最后乘以全园株数，即可得全园桑树产叶量。一般湖桑品种的每 1kg 桑叶的发芽数可按 120~150 个；每 1kg 桑叶的冬芽数可按 200~240 个。由于桑叶产量与上年夏秋季采叶程度有关，所以以上数据也要通过调查，积累资料，进行分析，才能接近正确。

（二）夏蚕期桑园估产

夏蚕期估产与春蚕期不同，因夏蚕用叶主要利用疏芽叶和新梢下部的脚叶。其产叶量不仅与夏伐的迟早有关，培肥管理有关，而且与春季桑叶收获量有关。一般按春蚕饲养量的 20%~25%计算。如有春伐桑园或培肥管理较好的，可适当增加。但应注意，夏蚕期的桑树正处于夏伐后的恢复生长阶段，疏芽和采叶不可过多。

（三）秋蚕期桑园估产

秋蚕是分批次饲养的，因此秋蚕期估产，也按批次进行。由于秋叶都是采摘片叶，所以产叶量以片叶来计算。估产时，选取有代表性的样株 10~20 株，调查现有叶片数，再加上从估产到五龄结束时可能长出的叶片数，然后减去计划留叶数，即为调查株可采叶总片叶数，并算出每株可采的平均叶片数。另外，再调查每 1kg 的叶片数。选取有代表性的枝条若干，除枝条应保留的叶片数外，其他全部采下称重，得出每 1kg 叶片数，最好重复几次，得出平均值较为准确。如有往年的经验数值，可参照应用，不必再调查。一般秋期的每 1kg 叶片数，早秋多于中秋，中秋又多于晚秋。每 1kg 叶片数确定后，就可计算出每株产叶量，再乘以总株数就可推算出产叶量。

第二章　桑园管理技术

优质高产的桑园，必须有良好的栽培管理措施。常规桑园管理工作包括土壤管理和桑树管理两部分。土壤管理主要包括中耕、除草、排灌等；桑树管理主要是补植缺株、整修树形、整枝、剪梢、解束、低产桑园的改造等。另外，施肥、低产桑园的改造、病虫害的综合防治、气象性灾害防控等都是重要的桑园管理工作。

第一节　土壤管理

一、中耕

桑园内要经常进行施肥、采叶、防治病虫害等频繁作业，由于人为踩踏和灌溉的淋渍，以及下雨或干旱等的影响，土壤变得密实板结，不利根系生长及桑树对养分的吸收。因此，必须进行中耕，为桑树根系创造良好的生长环境。

（一）中耕的作用

1. 改善土壤物理性状

通过中耕和松土，可使土壤疏松，空隙度增加，改善土壤的空气和水分状况，有利于增强桑树根系的呼吸作用和吸收作用。

2. 改善土壤化学和生物学性状

中耕后土壤的水分和空气状况得到了改善，土壤中微生物活动加强，促进土壤中有机肥的分解，同时提高了土壤熟化程度，使土壤中难溶性的营养物质转化为可溶性养分，相应提高了土壤肥力。

3. 促进新根发生

由于桑树根系大多分布在 10~40cm 的土层内，中耕会切断部分根系。少量断根能促进根系再生和发育，但断根过多会对桑树生长不利。

4. 抑制杂草和病虫害

中耕能将杂草翻入土中深埋，抑制其生长；把藏于土里的害虫翻至土表冻死、晒死或鸟食将其杀灭。

（二）中耕的方式

根据桑树栽植的株行距离，可采取不同的耕作方式。一般行距较宽的可采用小型机械耕作，密植桑树可采取牛耕或者人工挖翻等形式。

（三）中耕的时期和方法

桑园中耕时期和次数，因桑园类型和各地习惯而不同。中耕时期除考虑到桑树生理外，还要结合除草、施肥、绿肥翻埋等作业劳力安排，统筹兼顾。一般冬季、夏季各进行一次，有些地区还进行春耕。

1. 冬耕

冬耕工作应在桑树落叶后、土壤封冻前进行。因为，此时桑树已进入休眠期，能够深耕。施基肥的桑园，可先施肥后翻土，把肥料翻入土中，既可避免养分损失，又可使有机质提前分解，改善土质。间作冬季绿肥的桑园，还可以结合绿肥播种，适当提前施肥和冬耕。冬耕深度一般为 20cm 左右，桑树附近宜浅耕，行间要深耕，以不伤断粗根为原则。翻起的土块不要打碎，充分翻露底土，使其冻融交替加速风化，从而改善土壤的理化性状。结合冬耕还要做好沟渠的清理工作，使排水畅通。

2. 春耕

春耕应在春季桑芽萌动前进行，最迟在3月中旬前进行。在冬耕基础上，通过春季浅耕，使桑树发芽后有更好的生长条件。春耕宜浅，深度15cm左右，一般与除草结合进行。通过春耕能进一步改善土壤结构，同时能消除旺盛生长的越冬杂草，减少杂草与桑树争肥争水。春耕时，土块要打碎耙平。

3. 夏耕

夏耕可起到疏松土壤、抗旱保墒、消灭杂草的作用。夏耕是在桑树生长期间进行，由于桑树根系发达，侧根较多，因此，夏耕宜浅不宜深，一般深度在10cm左右。避免损伤桑根，影响桑树生长。夏耕应在夏伐施肥后及时进行，因发芽前根毛吸收作用暂时停止，此时夏耕不良影响较小。如果延迟到桑芽萌发后，翻耕会使已经恢复生长的桑根再次受到损伤，也易碰掉萌发新芽，影响桑树的生长。

二、除草

桑园杂草种类很多，且繁殖快、再生能力强。杂草与桑树争夺水分、养分，影响桑园通风透光、抑制桑树生长、降低桑叶产量和质量。同时，杂草又会助长害虫和病菌的滋生蔓延，为害桑树。因此，必须及时灭除桑园中的杂草。

（一）除草的时期

桑园里杂草多，除草要掌握"除早、除小、除了"的原则。一般春、夏、秋除草三次。春季的杂草吸收肥水量极大，要结合桑园春耕，在桑树发芽前除去越冬杂草。夏季气温高、雨水多，桑树夏伐后地面日照足，是杂草生长的旺盛时期。应结合夏耕，在夏叶收获前除草1~2次。秋季是许多杂草迅速生长和开花结实时期，应在开花结实前除尽杂草。杂草种子的减少可明显减少第二年的危害。

（二）除草方法

桑园除草方法虽有人工、机械、生态和化学等多种，但应以人工、机械和生态除草为主，尽量少用化学除草，最好不用化学除草剂。因为化学除草剂既易对桑树植株造成药害，影响树势，又易引起蚕儿微量中毒，同时还易引起桑园土壤板结。

1. 人工除草

一般在密植桑园、机械作业不方便的情况下，利用锄头把杂草除去，或用牛犁行间再人工辅助把草除去。此法劳动强度大、工时多，有待进一步改进。

2. 机械除草

机械除草就是利用手扶拖拉机等设备，带动旋耕犁进行中耕除草。一般行距在166cm以上的桑园，都可用旋耕机或手扶拖拉机带耙进行中耕，耕幅120cm左右，每行耕一趟，每小时可耕3亩，每天工作8小时，每天可除草24亩左右。植株附近机械未耕部分可用人工辅助除草。机械除草工效较高，省工省时，种桑大户应尽量采用此法除草。

3. 生态除草

杂草的萌发生长和桑树一样，不仅需要一定的水分和养分，还需要一定的空气、温度和光照等条件。可利用杂草这一特性，创造一个有利于桑树生长而不利于杂草生长的生态条件，以达到除草的目的，这就是生态除草。例如，采取合理密植，并加强田间管理，促进桑树旺盛生长，使桑树在栽植初期的生长势压倒杂草，并保持一个浓密的叶幕，使地面光照微弱，就能有效地控制杂草生长。在桑园行间，间种豆科绿肥等作物，利用绿肥的枝叶覆盖遮萌也有抑制杂草生长的作用。此外，因地制宜采用稻草、麦秸或其农作物秸秆等物覆盖，不仅有保墒和防止水土流失的效果，还能抑制杂草的萌发生长。

4. 化学除草

用化学除草剂杀灭杂草的方法叫化学除草。如果桑园杂草较多，又没有别的办法，可以使用化学除草剂。详见本书第三章第三节桑园化学除草技术。

三、灌溉和排水

水是桑树进行生命活动的必要条件，是组成桑树各器官的重要组成成分。桑树的一切生命活动都是在水的参与下进行的，桑树根系从土壤中吸收的水分95%以上都消耗在叶片的蒸腾作用上。桑树蒸腾作用失去的大量水分，必须从土壤中及时得到补充，才能使桑树的水分维持在一个相对平衡的状态，生命活动才能正常进行。

桑树是深根性植物，有一定的耐旱能力，但是土壤水分不足会引起桑叶产量降低。桑树生长最适土壤含水量为田间最大持水量的70%~80%，桑树能健康发育的土壤含水量必须保持在60%以上。土壤含水量低于50%，桑树的地上部分与地下部分生长都会受到阻碍。但是土壤水分含量过高，会造成根部呼吸障碍，引起桑树萎凋、叶片退绿等，同样对桑树的生长不利。因此加强桑园的水分管理，做好灌溉和排水工作，维持土壤水分收支平衡，并尽可能使土壤持水量保持在最适水平为桑树生长发育创造良好的土壤水分环境。

（一）灌溉

1. 灌溉时期

桑园灌溉时期，主要应根据桑树在不同生长发育阶段的气候特点及土壤含水量来确定。

（1）春季桑树发芽展叶期和夏伐后的再发芽期的需水量较多，如土壤水分不足，就会延迟发芽，降低发芽率和抑制芽叶生长，影响产量。此时若遇天旱，必须灌溉一次。

（2）夏秋季温度高，日照充足，桑树生长旺盛，需肥水量大。如果水分供应不足，就会影响桑树生长，必须根据土壤水分状况来定。如土壤含水量低于60%就要灌水。正常的夏秋旺盛生长期，若久旱无雨，新梢生长缓慢，每天伸展不到2cm，甚至出现止芯现象；顶端2~3片嫩叶显著较小，新梢节间缩短，上下开差大，这时桑树应及时灌水。

（3）桑树在晚秋缓慢生长期，需水量少，一般不需要灌溉。以免引起徒长，发生冻害。

2. 灌溉方法

桑园灌溉常用的方法有穴灌、沟灌、漫灌、喷灌和滴灌等。沟灌、漫灌适用于能引水的成片桑园；穴灌适用于不能引水的零星桑树，如四边桑等；喷灌、滴灌一般适用于农业生产条件比较先进成片桑园。

（1）穴灌。水源不足，地势不平的桑园可采用穴灌。在两株桑树间开穴，挑水灌溉，待水渗入土中后再填穴，穴灌劳动强度大，费工多。

（2）沟灌。水源充足、地势平坦、设有排灌系统的桑园，可引水灌溉或机电抽水灌溉，将水引入桑园行间沟灌。沟灌能增加单次灌水量而减少灌水次数，投资较少、比较省力、但费水较多、灌水后应及时浅耕松土，以减少地面蒸发、提高灌溉效果。

（3）漫灌。漫灌又称淹灌，是盐碱地和干旱地常采用的一种方法，漫灌能将土壤上层中的盐分淋洗下去，降低盐碱度、以利桑树生长。但是漫灌耗水量大，灌后土壤易板结、须中耕松土，以减少地面蒸发、提高灌溉效果。

（4）喷灌。喷灌适用于地形复杂的桑园，是少量多次的灌水方法，较沟灌省水，不会破坏土壤团粒结构。有利于保水、保肥，还有调节桑园小气候，增加桑园内的空气湿度和降低温度的作用。喷灌可以冲洗掉附着在桑叶上的氟化物和灰尘，有增强桑树的光合作用，提高桑叶产量和质量的作用。有条件的地方应提倡喷灌，目前常用的有移动式（喷淋机）和固定式（自动喷灌）两种。具体设置时，要根据喷头规格和射程埋设引水管道、安置蓄水池和喷灌点。

（5）滴灌。滴灌是在桑园行间埋入水管，水分通过细孔，渗湿土壤，供桑树根系吸收利用。滴灌能使桑园土壤经常保持适宜的水分，能大量减少渗漏和蒸发、避免水分流失、有明显的节水效果、且增产效果显著，但是投资费用较大。

（二）排水

桑园积水后，土壤中缺乏空气。桑树根系呼吸困难，吸收作用受到抑制，特别是在天气转晴后，地上部分蒸腾作用加强、而根系吸水受阻、就会发生桑叶萎蔫黄落现象。根系在缺氧条件下，会产生酒精和硫化氢等有毒物质，使根部腐烂发黑、甚至死亡。因此，及时做好排水工作、降低地下水位，对桑树生长非常重要。

新桑园建园时，要设置完善的排水系统。开挖好排水沟，要求排渠纵横相连、沟沟相通、并通向河道或水库，做到排灌两用。平时要经常疏通沟渠，使水流畅通，达到雨后不积水。桑园的灌溉，确保桑树高产稳产

做好桑园水的管理，灌溉防旱、排水防涝，是确保桑树高产稳产的重要措施。灌溉时应注意最好在早晨或傍晚进行。日中浇水，由于土壤温度很高，而水温较低，对桑根有一定程度的不良影响，这种影响对幼小桑苗尤为显著。

第二节 桑树护理

桑树护理包括伐条、疏芽、摘芯、剪梢、整株、束枝和解束等，可保持桑园株数齐全、株形整齐、条数适当、通风透

光、使树体健壮、形成良好的群体结构，从而提高光能利用效率。

一、伐条

伐条是树形养成和桑园管理的重要技术措施之一。为保持桑树树形整齐、提高桑叶产量和便于桑叶采摘，利用桑树具有耐伐性及再生机能强的特点，每年都要对其进行剪伐。

（一）伐条方式

桑树伐条的方式有春伐和夏伐两种。在冬末春初桑树发芽前，剪伐桑条叫春伐。剪伐的部位根据树形养成的要求而定。萌发较早品种、应适当提前剪伐。春伐的优点是可增强树势，树形养成阶段能养成强壮的树干；缺点是春蚕期产叶量不高。春蚕大蚕期用叶后剪伐桑条叫夏伐。夏伐的桑园必须在春伐节令内对桑条进行剪梢，即将桑条的梢端剪去。夏伐的优点是可增加春叶产量，缺点是对桑树树势有一定影响。

水肥管理条件较差的桑园不宜采用夏伐。中等水肥管理条件的桑园，最好的方法是进行轮伐，即一户蚕农的桑园，每年分别轮流进行春伐和夏伐各一部分，这样即保证有一定的桑叶产量，又保持了桑树树势。

幼龄桑在树形养成期，以培养树形为主，可在早春桑树发芽前剪除全部枝条。衰老桑树，枝条细短，不宜夏伐，可进行春伐复壮。即在春季桑树发芽前，截去枝干，降低树冠，复壮更新。对于春季暂不养蚕的桑园，也可春伐复壮。

（二）伐条时间

春伐在桑树的休眠期进行，即在12月下旬至1月上旬进行，时间上与剪梢要求基本一致，不可过早或过晚。

桑树夏伐宜早。结合春蚕后期收获条桑在5月底、6月初及时夏伐，最好不要迟于6月上旬。有利于桑树尽快转入重新发芽阶段，促进夏秋桑树枝叶生长良好。春蚕五龄后即可用伐条叶喂蚕，春蚕上蔟后应及时将桑条剪伐完。夏伐早、发芽早，秋季产叶量高；反之，则发芽迟、桑叶产量低，影响秋蚕生产。

（三）伐条方法

夏伐是从 1 年生枝条基部 1～2cm 处将枝条剪下，细的条或过密的条齐拳伐掉；缺拳处枝条，可近拳高度剪伐，剪伐时要选好留芽，在留芽上方 1cm 左右处斜剪；春伐是在春季发芽前将衰弱枝条齐拳剪伐，健壮条从基部 3～5cm 处剪伐，其他要求同夏伐。伐条部位要按照幼龄桑、成龄桑的不同剪伐部位要求进行伐条。成龄桑园每年都要在同一高度的桑条基部剪伐条条，以免形成过多枯桩，影响树势。伐条时要注意，同时剪去细弱枝、枯枝、枯桩等。

（四）注意事项

（1）夏伐要及时，做到随采叶、随伐条。一般在春蚕五龄饷食起陆续伐条，最好在春蚕上蔟后伐条完毕。在春大蚕饲养结束时，夏伐必须全面结束。夏伐一定要及时，不能拖延，否则将影响桑条生长、发育和夏秋蚕生产。

（2）最好选择晴天进行，以减少伤流。一般选在晴天的中午前后伐条较好，可减少伤流，避免损失营养。以免雨水冲刷掉桑树剪口上桑浆（树液），剪口易腐坏，影响树体正常生长。

（3）伐条要齐拳剪伐，剪口平整，不留枯桩、半截枝。伐条后的枝条、枯桩、死拳要及时清出桑园。在锯枯桩、死拳时，要特别注意不伤临近的树干和桑拳。

（4）伐条时必须选用锋利的刀具。最好用割灌机或桑剪进行，不能用刀砍或镰刀割。剪口要平齐，尽量减少伐条的伤口面积，更不能剪裂枝条或皮层与木质部分离。同时，要求把桑树基部的叶和小侧枝全抹掉，减少养分消耗，以有利于新芽快速萌发。

（5）伐条后要及时供应充足的肥料和水分，才能促进根系的恢复和休眠芽生长。为了使秋季桑叶优质高产，桑园夏伐后应结合除草、中耕松土，重施夏肥，施肥以速效性肥料为主。如遇干旱，会影响发芽和叶片生长，桑园应灌水，使土壤湿润为宜。

二、疏芽

桑树春伐或夏伐后，经过一段时间，定芽、潜伏芽大量萌发。由于芽量过多，强弱芽混生，继续生长则出现止芯、细弱和下垂枝条，消耗大量养分，导致产叶量不高。同时，由于桑芽密生郁闭，通风透光不良，也会加速桑叶黄化、硬化、老化，降低叶质，影响蚕体健康。因此，必须及时分批疏去止芯芽、弱小芽以及过多的生长芽。

（一）疏芽的作用

合理疏芽，可有目的地控制单株或单位面积上的有效条数。不仅能使每株桑树保留适当的枝条数，而且使枝条分布均匀、位置适当、养分集中、通风透光、树势旺盛、健壮整齐、形成良好的丰产群体结构，从而提高桑叶的产量和质量。

（二）疏芽的原则

去弱留强、空隙处少疏多留、密集处多疏少留、外围多留，使每株桑树的发条数相对一致，数量适当，分布均匀。

（三）留条的数量

疏芽程度主要根据高产桑园的每亩总条数标准和栽植密度来确定，同时根据桑树品种、肥水条件、桑树的长势和树形等因素灵活应用。疏芽过少，则效果较差；疏芽过多，使每亩总条数减少和总条长缩短，导致产叶量降低。通常在确定总条数的基础上，可根据每亩株数决定单株留芽（枝条）范围，进行疏芽。以成林高产桑园为例，按每亩留条 8 000~10 000 根为标准，每亩栽 800 株的桑园疏芽时每株应留 10~12 根的新梢；每亩栽 1 000

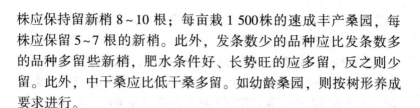

株应保持留新梢 8~10 根；每亩栽 1 500 株的速成丰产桑园，每株应保留 5~7 根的新梢。此外，发条数少的品种应比发条数多的品种多留些新梢，肥水条件好、长势旺的应多留，反之则少留。此外，中干桑应比低干桑多留。如幼龄桑园，则按树形养成要求进行。

（四）疏芽的方法

在春伐或夏伐后进行疏芽，一般分两次进行，疏芽不能过早或过迟，过早容易碰伤桑芽，过迟浪费桑树养分。在桑条高 7~10cm 时，进行第 1 次疏芽。疏去过密过细、位置不当和生长不良的多余枝条，留芽量为每株目的留芽量的 2 倍。以每亩栽 1 000 株的桑园为例，若平均每株桑树目的留条为 8 根，第 1 次疏芽则每株桑树平均留芽 16 个。具体方法是在过粗桑条的四周选留 4~5 个健壮芽，在中条的四周选留 2~3 个健壮芽，弱条的可酌情留 1 个位置好的健壮芽。第二次疏芽，在芽长 20~30cm 时，结合大蚕用叶，将细弱、横生、下垂、过密的桑条用桑剪从基部剪下喂蚕。方法是在过粗桑条周围选留 2~3 个壮条，以利长成中条，避免出现过粗条。中条的选留 1~2 个壮条，弱条的根据桑树长势全部疏去或选留 1 个，避免再出现弱小条。

三、摘芯

在春蚕期中，摘去枝条上新梢顶端的嫩芯部分叫摘芯。

（一）摘芯的作用

春季桑树摘芯，是一项效果明显的桑叶增产措施。可以抑制新梢继续向上生长，使原来供给嫩头生长的水分、养分集中供应到幼叶中去，促进嫩叶生长、使留下的嫩叶迅速成熟、叶片增大增厚、并使新梢上的叶片成熟度趋向一致，改善叶质、提高桑叶利用率、可增产桑叶 10% 左右。同时，桑树春季摘芯也是防治桑瘿蚊和控制桑瘿蚊虫口密度的非常有效的方法。另外，在树形养成阶段采用摘心措施，能促使腋芽萌发分枝，加速养成树形。

(二) 摘芯的时间和程度

桑树摘芯时期和摘芯程度应根据用叶时间来决定。春壮蚕用桑一般在用叶前 10~12 天进行，从春蚕 2 眠期开始至 3 眠期结束，摘去桑树新梢顶芽。注意先摘芯的桑树先采叶，后摘的桑树后用叶。具体应掌握在四龄蚕期摘芯的可摘去 1~2 片嫩叶；三龄蚕期摘芯的以摘去鹊口状嫩头为度；二龄蚕期摘芯的只要摘去顶芽就行，不可过早摘芯，以免影响桑叶产量。另外，土壤潮润的多摘，土壤干的少摘或不摘。

(三) 注意事项

桑树春季摘芯要按用叶前后合理划分桑园，分批摘芯。充分利用农闲时间，进行全面摘芯，不留尾巴，做到片片清，株株清，条条清。为了能使伤口及时愈合，摘芯应在晴天或阴天进行，雨天不宜摘芯。摘芯时应将芯芽集中并带出桑园，统一销毁，以防止桑树病、虫源留在桑园内。桑树摘芯以后最好进行一次根外施肥。

四、剪梢

根据打破桑树枝条顶端生长优势的植物学原理，在桑树落叶期间，适当地剪去枝条梢端的徒长部分，这一技术工作称为剪梢。

(一) 剪梢的作用

及时剪去呼吸作用大的条梢部分，可减少养分的消耗，使枝条充实、冬芽饱满，来年春季桑树发芽率高、发芽势强、生长芽多、叶片增大、叶肉增厚，从而提高桑叶产量。根据调查，剪梢合理，一般能增产桑叶 10%左右。剪梢还具有提高桑树抗寒能力和减少花果的作用。另外，由于枝条上部常有桑细菌性黑枯病的病原寄生和传播桑萎缩病的菱纹叶蝉产卵，因此，剪梢还有减少上述两种病害的传播和蔓延的作用。

（二）剪梢的时期

因各地的气温不同，冬季桑树剪梢的最佳时间也各异。桑树剪梢，一般从霜降前后至来年的 2—3 月树液未流动前均可进行。为有效地减少树体养分的损失，应选择冬季气温比较低的 12 月至翌年 1 月份进行为最好，因为此时桑条内的大部分养分都转移到根部，枝条内养分最少，因而剪梢损失最少。如果剪梢过早或带绿剪梢，会影响桑树的光合作用，且叶中养分尚未转到枝条中，影响养分积累。同时桑树还未停止生长，遇到气温高时，会引起桑芽秋发，不利于桑树越冬。立春以后，气温回升，桑树生理活动增强，树干、树根中的养分陆续向枝头运输，枝条上的芽孢开始萌发。如果此时剪梢，会损失大量养分和水分，造成剪枝上部不发芽或发芽很少及细弱，桑叶的产量、质量大大降低。所以，剪梢不可过早，也不能太迟，剪梢过早过迟效果都不好。

如果需用于接穗时，可根据嫁接时期，稍晚些进行剪梢，但也不可太迟，必须在树液流动前进行。如果在中晚秋蚕期采用条桑养蚕，可在桑树止芯后，根据养蚕需要，分批剪梢收获条桑。但应注意在收获后每根枝条顶端要保留 3~4 片桑叶，以防止腋芽秋发。

（三）剪梢形式

目前有"水平剪梢"和"非水平剪梢"两种，过去大都采用非水平式剪梢的方法。通过试验调查及生产实践证明水平式剪梢，操作简单方便、树型整齐、光照均匀、能充分利用光能、减少相互遮荫；同时，体现着抑强扶弱，能促使明春新芽生长均匀，有更好的增产效果。水平式剪梢法，即依据桑树树体的总长度，按照一定的比例进行剪除，使得剪后留下的枝条基本处于同一水平高度上。也可以最长枝条的1/2为标准，进行水平剪梢。

（四）剪梢程度

剪梢时留条的高度，应根据桑树的品种、树形及生长情况而定，条长和长势好的可多剪，条短和生长势差的少剪，不足高度的桑条剪去嫩梢。一般枝条长度在 1.7m 以上的剪去 1/4，枝条长 1.3~1.7m 以上的剪去 1/5，枝条长 1m 左右的剪去未木栓化的梢端。留条不能过短，长度在 1.1~1.3m 为宜。不足高度的桑园，在剪梢时按条长的 2/3 作为剪梢高度的依据。

（五）注意事项

使用专门的修剪工具。应该使用专门的剪刀修剪桑树，切不可用镰刀、菜刀、柴刀等刀具乱割乱砍，以避免剪口凹凸不平和损伤树枝、树皮、冬芽等，妨碍桑树的生长发育；剪梢应在芽背上方 1cm 处下剪，剪口呈 45°斜口，做到不伤芽、不剪破、以免影响顶芽生长；选择在晴天进行，不在雨天、大雾天伐条；剪梢后立即清园，将桑园内的残叶、杂草等收集起来制作堆肥或焚烧，消灭潜藏其中的病原菌和越冬害虫。

五、整株

桑树经过一年的生长、使用，到了冬季树形生长呈现凌乱。有些枝条成为无效枝，有些病虫害也寄宿在树体上越冬，正在成长中的小桑树也需要定形。为解决好这些问题，需要进行整株，即把桑树上的死拳、枯桩、病虫害枝以及细弱枝、下垂枝等无效枝修剪去。

（一）整株的作用

整株可使树形整齐，养分集中、减少养分消耗、增强树势、提高产叶量。同时死拳、枯桩又是病菌害虫寄生的地方，从而达到减少病虫害，特别对消灭桑象虫效果显著。

（二）整株的时间

整株要在冬季桑树休眠期进行，过早或过迟都会使树液流失较多，一般在 12 月中旬至翌年 1 月上旬桑树进入休眠期后进行。

（三）整株要求

主支干层次分明，去弱留强、去密留稀、分布均匀、修去病虫枝及枯桩。

（四）整株方法

修枝整形应把细弱枝、无效条、下垂枝、过密枝、横生枝、干枯桩（枝）、病虫枝、死拳等不良枝全部从基部剪掉，这部分枝条因在下部，光合作用弱，明春新生出的桑叶不多。留下粗壮良枝，使养分更集中，有利于提高产量。根据壮条多少修枝，以每平方米留 12~15 枝壮条为宜，进行适当修枝。根据壮条的位置和方向修枝。所留枝条保持向四方展开，通风透光，使枝条能充分地利用光能。修枝整形后的桑树每亩留条 8 000~10 000 条，这样才能提高桑树的亩产叶量。对未投产的小桑树应以培养目标树形为主，即在冬季按照高中低干桑的养成要求，分别按应有的主干、第一支干、第二支干的高度、条数，剪去多余的枝条。最后培养成树形整齐、生长潜能大的丰产树形。

（五）注意事项

将剪下的条梢、枯桩等连同园内杂草一起清理出园、集中烧毁，可起到整理树形、减少桑园虫卵的作用，防止病虫害蔓延。修剪时应紧贴支干分叉处和枝条基部，不要撕破树皮，剪口和锯口要平滑，使伤口容易愈合。

六、束枝和解束

（一）束枝

桑树落叶后到冬耕前，及时用稻草或草绳将枝条结缚成束，叫做束枝。桑园束枝以后便于冬耕、施肥和其他管理工作，还有矫正枝条姿态和引诱桑毛虫、桑尺蠖等害虫潜伏于束草中越冬，便于捕杀等作用。束枝不宜过紧过松，以免损伤冬芽。

（二）解束

解束就是将束草解开，一般在春期桑树发芽前，施肥和冬耕后，以及桑园越冬害虫活动前进行。注意解束不宜过迟，否则会损伤萌发的桑芽，并引起束草内的害虫活动分散。解除下来的束草要集中做堆肥处理或烧毁，以杀灭束草内的害虫。

七、清园与涂白

冬季清园与涂白是桑园管理中一项十分重要的工作。因为冬季气温低，害虫进入休眠期越冬，病害的孢子或病原菌也随落叶和冬前修剪下来的病叶和病枝落在园中，这是集中捕杀的大好时机。该项工作做得彻底就可大大减轻次年的病虫危害，很多的病虫是在桑树的树枝、树干、孔隙或裂皮中越冬。清园与涂白可消灭在树干和杂草中越冬存活的害虫及病菌，减轻来年病虫害的发生。

（一）清园

枯枝、落叶、杂草是许多病虫的主要越冬场所。清园时必须将枯枝、落叶、杂草、树皮集中清理出桑园，进行沤肥、深埋或烧毁，剪梢时要注意去病枝、带虫卵枝、死芽等。消灭枯枝落叶上越冬的病虫，可减少来年的病虫基数。

（二）涂白

对清园后的桑树主干用涂白剂涂白，主要涂白剂有硫酸铜石灰涂白剂（硫酸铜500g、生石灰10kg）。配制方法是用开水将硫酸铜充分溶解，再加水稀释；将生石灰慢慢加水熟化后，继续将剩余的水倒入调成石灰乳，然后将稀释后的硫酸铜溶液倒入石灰乳中搅拌均匀即成涂白剂。

第三节　桑园施肥

桑树栽植后不断从土壤中吸收养分和水分，才能满足其生长发育的需要。由于采叶、夏伐、冬季修剪等，要从土壤中带走大量养分，因此，必须重视桑园施肥，以满足桑树对养分的需求。桑园施肥应根据桑树生长发育规律、气候、土壤性质、肥料特性以及养蚕采叶时期，来确定施肥时期、肥料种类、施肥量和施肥方法等。

一、桑树施肥的意义

桑树因收获要带走大量的养分，除碳、氢、氧这 3 种元素可以从空气和降水中得到补充外，其余的矿质元素主要从土壤中摄取。如不向土壤作相应的补充，长期下去土壤中矿质元素就会耗竭，桑树生长和桑叶产量，质量就会受到影响。不施肥、少施肥的桑园，桑树生长不良，根系不发达、枝条细短、叶片小、薄而黄、产量下降，桑叶质量也不能满足蚕儿的健康生长发育需要，往往导致蚕儿体质差、蚕病发生增多、产茧量减少。

二、桑树需肥特性

桑树生长发育过程中所需的各种无机营养元素，以碳、氢、氧为最多，其次是氮、磷、钾、钙、镁、硫、铁等十种元素，称大中量元素，桑树还必须吸收硼、锌、锰、铜、钼等一些量少而不可缺少的微量元素。各种营养元素对桑树的功能各不相同，不能相互代替，缺乏任何种元素都会对桑树生长发育产生不良的影响。其中，碳、氢、氧三种元素可以从空气和土壤中大量获得，其他营养元素主要靠根系从土壤中吸收。钙、镁、硫、铁等元素，土壤中含量较多，一般不会缺乏。而氮、磷、钾由于需要量多，其中，氮较活跃，易进入空气和淋施入地下。磷钾在土壤中又多呈不易吸收状态，远不能满足桑树需要，因此，常称氮、磷、钾为肥料三要素。

（一）氮肥

氮主要是促进枝叶生长和叶片中蛋白质的合成，在叶片中含量最多。增加桑树氮肥营养，有利于叶绿素的形成和叶面积的增大，加强光合作用，促进枝叶迅速生长、叶色深绿、叶肉厚、叶体含有机质多、叶质充实、硬化迟、养蚕收成好，茧丝量多。缺氮时，桑树生长慢，枝条细而短、叶片中叶绿素含量减少、叶片细而薄、叶色黄、早硬化、产量低、叶质差、养蚕收成也低。但施氮过多，桑树枝条徒长叶片软、生长期长、桑叶成熟迟、叶片大、叶肉薄、容易受病虫害和不良气候的影响，叶质差、养蚕容易引起蚕体虚弱发病、蚕茧收成下降。

（二）磷肥

磷有助于叶绿素的生成，促进光合作用和营养物质的合成和运输。对茎和根的生长与充实，特别是对新根的生长有重要的作用。且能增加桑叶中碳水化合物及纤维含量，促进枝杆健壮，增强树体的抵抗力。施用磷肥不但提高产量，也利于叶片成熟，提高叶质、增强蚕的抗病力、产茧量高、产卵量也多、对下一代体质亦有良好的作用。缺磷时，桑树生长发育受到抑制、根系和枝条发育不良、生长缓慢、开叶迟、叶色淡、产量低、叶质差。但施磷肥过多，桑叶提早硬化、也影响产量和质量。

（三）钾肥

钾能促进营养物质转化和贮藏，使根茎充实，生长健壮。钾促进剪伐和采叶伤口的愈合、恢复，增强树体的抗逆性和抗病虫害能力，加强光合作用和提高桑树对氮素的吸收利用，形成更多含氮的有机物，促进叶质成熟和蛋白质的积累。缺钾时，植株矮小、生长衰退、枝条软弱、叶质降低。严重缺钾时，老叶尖端叶缘发黄变褐枯死。轻度缺钾时，则在老叶的绿色部出现鲜明白斑，其后白斑扩大、叶缘枯死。但在氮素肥料不足时，多施钾肥容易引起桑叶提早硬化、叶质变劣。

三、施肥量

桑园因收获枝叶而丧失大量养分，从土壤中补充这些丧失的养分是维持桑园高产的必要条件。从一定意义上讲，桑叶产量是受施肥量决定的。

施肥量与桑叶产量有密切关系。如何决定施肥量，做到经济用肥、合理用肥是一个很复杂的问题。由于桑树的栽植密度、树龄大小、土壤肥力、肥料种类、气候条件的不同，所以桑园施肥量没有一个统一标准。一般情况下，随着施肥量的增加，单位面积的产叶量也相应地提高。每次施肥量，必须根据肥料类型，不同时期施以适当的施肥量，才能达到经济用肥，更有效地增产桑叶的目的。施肥数量的多少可参考以下原则：桑树栽植密度大的比疏植的施肥量多；桑树生长旺盛期比生长缓慢期要多施；横枝发条多的比横枝发条少的要多施；叶形大、节间密而耐肥的品种比叶形小、节间疏和不耐肥的品种要多施；土质瘦瘠、施肥水平低的比土质肥沃施肥水平高的要多施；剪伐采叶次数多的要多施。生产中通常参考以下两种情况考虑：一是总结当地丰产桑园的施肥量情况，作为确定施肥量的依据；二是以产定肥，即由产叶量决定施肥量。

根据各地生产资料计算，亩产桑叶 500~1 000kg 的桑园，增施每 1kg 氮素可生产 75kg 桑叶；而亩产 1 500~2 000kg 的桑园，增施每 1kg 氮素可生产 50kg 桑叶。而一般桑园可按照每 1 000kg 桑叶需施氮素 15~18kg；高产桑园按每 1 000kg 桑叶需施氮素 20~25kg。以上是指桑园氮肥施用量，为使桑树生长良好和提高叶质，须配合施用磷、钾肥。一般情况，丝茧育桑园的氮磷钾比例以 10∶4∶5 为宜，种茧育桑园以 5∶3∶4 为宜。下面以亩产桑叶 2 250kg 的高产桑园为例来介绍几种主要肥料的施用量，每年应施入相当于尿素 100kg（或碳酸氢铵 250~300kg）的纯氮，过磷酸钙或钙镁磷肥 100~150kg，硫酸钾或氯化钾 50kg。有条件的要重施有机肥，每亩施腐熟过的猪、羊、牛、鸭粪或蚕沙 50 担，可以减少施化肥 50%。最好每年保证亩桑施入有机肥 20~30 担，对桑树生长、稳产高产、提高叶质极为有利。全年施肥量确定后，按照施肥时期和次数作出适当的分配。一般春肥约占 20% ~30%，夏、秋肥占 50%~60%，冬肥占 20%~30%。

四、施肥时期

我国气候条件相差很大，各地施肥时期有所不同。一般高产桑园，大多是采一次桑叶，施一次肥。我省的桑园，一般分冬、春、夏、秋四个时期施肥。

（一）冬肥

冬肥又称保暖肥。在桑树落叶后，土壤封冻前结合冬耕施入，宜施迟效性肥料。与春、夏、秋肥不同，冬肥对产叶量没有直接的效果，主要目的是为了改良土壤团粒结构，提高土壤肥力。一般施用堆肥、厩肥、厨余等有机垃圾以及各种土杂肥等迟效性的有机肥料。也可施用草木灰或钙镁磷肥。冬肥以沟施、穴施或结合冬耕撒施。

（二）春肥

春肥又称催芽肥，在春天桑树发芽前施用。黄河流域在 3 月中下旬到 4 月初施用，此时桑树根系开始生长，树液开始流动，树体需要大量养分。施用春肥能促进桑树萌芽，增加叶面积指数，还对夏秋期的桑树生长有显著的促进作用。春肥以速效性氮肥为主，配施磷、钾肥。如尿素、硫酸铵、碳酸氢铵、硫酸钾等，也可以配合施入腐熟的人粪尿和其他农家肥。

（三）夏肥

夏肥是主要的桑树肥料，不仅对当年秋叶产量影响很大，而且对第二年的春叶产量也有影响。夏肥在桑树夏伐后到 7 月下旬间施用，一般分两次施入，第一次夏肥在桑树夏伐后立即进行。第二次夏肥在夏蚕采叶结束后施入，桑树夏伐后，经 10～15 天开始萌发抽条，并逐渐进入旺盛生长期。此时温度高、降雨充足，如果肥料供应充足，桑树生长迅速。如果肥料供应不足，则桑树生长缓慢、枝叶生长差、条短叶小、硬化早，不仅影响当年夏秋期桑叶产量，而且还影响第二年的春叶产量。因此，必须重视夏肥的施入。

夏肥应以速效性肥料为主，氮磷钾肥要合理搭配。但是夏季气温高有机质肥料在土壤中分解快，因此也可搭配施用一些迟效的农家肥。

（四）秋肥

秋肥一般在早秋蚕结束后到 8 月下旬前施入，秋肥能促使枝叶继续旺盛生长、延缓秋叶硬化、增加秋叶产量，并对树体养分的积累和贮藏，提高明年桑叶的产量有重要的作用。秋肥可以使桑树枝、叶持续生长，延迟秋叶硬化，提高秋叶质量；还可以增加桑树贮藏养分，增强抗寒力和第二年春季的发芽率，对增产春叶也有作用。秋肥也以速效肥为主，但秋肥施用不能过迟、过多，最迟到 8 月底以前，防止枝梢延迟生长而遭受冻害。秋肥应以磷、钾肥为主，严格控制氮肥的施用量。

五、施肥方法

桑园施肥，要求把肥料施到桑树根系分布最多的土层中去，以减少养分损失、提高桑树对肥料的利用率。但是施肥的具体深度与广度，因桑树品种、树龄大小、树形大小、栽植密度和土壤质地等而有不同，施肥的深度和范围也应有所差别。具体方法有穴施、沟施、撒施法、环施法、淋施法和根外施肥等。

（一）穴施

穴施是桑园施肥中应用比较广泛的一种，是在桑树株间或行间距桑树干30cm左右处开穴施肥。穴的大小、深浅因肥料种类、施肥量及树形大小而定。一般化肥、饼肥、人粪尿等体积小，可挖深20cm，长宽为30cm×35cm的施肥穴。厩肥、堆肥、土肥等体积大的肥料，施肥穴开挖的要大一些，可挖深度30cm，长宽为30cm×35cm左右。树小施肥量少，挖穴可小而浅些；树大，施肥量多，则开穴应稍大而深些。施肥后随即覆土，防止成分逸散。

（二）沟施

沟施一般用于成片的密植桑园。在桑树行间中央或一侧开沟，沟深度与宽度依肥料种类和施肥量而定。一般为30cm左右，开沟时尽可能少损伤根部。沟施一般适于厩肥、堆沤肥、绿肥等体积大的农家肥。在行距1.3m以内的成林桑园中，均可隔行开沟（一沟两行桑树）以节约开挖沟施肥工作量，但第二年应换行开沟，以利桑根均衡分布。

（三）撒施

撒施是把肥料均匀地撒在桑园的地面上，再翻入土中，一般都结合冬耕和夏耕进行。体积较大的泥土肥、厨余有机垃圾肥、堆肥以及改良酸性土壤的石灰均可采用此法。撒施比沟施、穴施有一定的优点，因为桑根分布广泛，沟施、穴施只顾及局部，肥效不如撒施全面。

（四）环施

环施适用于树形高大根系分布广泛的高干桑或乔木桑。离树干一定距离开一环状施肥沟，沟的位置通常在树冠垂直投影的中段部，沟的宽、深以能容纳所施肥料为度。

（五）淋施

淋施是将化肥或人畜粪肥，按亩施肥量对水，开沟淋下，覆土。淋施的优点：一可加速肥效的发挥，减少肥害；二可补水，特别在雨量偏少的干旱季节。

（六）根外施肥

根外施肥在桑树生长期间，用水溶肥料喷洒在桑叶面上，使其吸收利用的一种辅助性的速效省肥的施肥方法。根外施肥对桑叶的增产有一定的效果，以秋季更显著。但根外施肥仅是一种辅助性的施肥，不能代替土壤施肥。根外施肥一般都用喷施的方法进行。

第四节　低产桑园改造

我国现有桑园单位面积产量很不均衡，高产桑园每亩可产桑叶 2 500kg，一般桑园每亩在 1 000kg 左右，少数桑园每亩还不到 500kg。由此可见桑园的增产潜力很大，对现有低产桑园进行改造、提高单位面积产叶量、对蚕业生产具有重要意义。

一、桑园低产的原因

造成桑园低产的原因很多，主要有管理粗放、病虫害严重、造成桑树死亡、而且未能及时补植、桑园空隙较多、总条数不足。栽植株数过少、或者有足够的栽植株数，但是未能养成丰产树形，表现树冠小、单株发条数少、单位面积总条数太少。树龄过老，生理机能衰退、发条机能减弱、造成总条数不足、长势不旺、产量下降。桑树品种不良或实生桑未经改造嫁接等。

二、低产桑园的改造措施

(一) 加密补植

单位面积株数过少的桑园，除加强肥培管理、防治病虫害，增加原有单株发条数外，还要通过加密补植来增加单位面积上的总条数。

1. 增加株数

（1）壮苗补植。桑园株数过少，有两种原因：一是株行距过大，二是缺株过多。一般株行距过大的桑园，可在行间补植一行，或株间补植一株；缺株过多的，可补植 2~3 年生健壮桑苗和幼树。补植时深挖植穴（沟），并施足基肥、补植后加强肥培管理，并在二年内采用春伐养树、促使树势强健。

（2）压条补植。压条补植能迅速增加株数，有成活容易、生长快的优点。多用于春叶采摘后，夏伐前的枝条进行夏压，也可用当年生枝条进行秋压。压条前采掉枝条中下部叶片，留顶端的 1 个新梢不采叶。在缺株处，挖深、宽各 15cm 的压条穴，穴底放入有机肥并盖土一层。将枝条弯下压入穴内、壅土踏实、使新梢露出，2 年后切断与母树的相连部分，成为独立新株。

2. 增加条数

对于树冠过小、单株条数不足，每亩总条数未能达到丰产要求的桑园，可以采用提高夏伐、补拳的方法来增加单株发条数和单位面积总条数。

（1）提高夏伐。单株发条数少的低干桑园，夏伐时将细弱枝从基部剪去，粗壮而分布均匀的枝条，提高 15~20cm 剪伐。而后，每年在同一高度剪伐，养成新拳或新干，使单株条数迅速增加。提高伐条以后，必须加强肥水管理，才能在增条的基础上增加产量。

（2）补拳。对于个别枝干衰老枯死或遭受病虫为害而出现缺拳少条时，可采用补拳增条的方法，来维护完整的树型。方法是在夏伐时将树干下部发出的新条，齐老拳高度剪伐，此后每年都在原处夏伐养成新拳。

（二）老树复壮

对于个别由于衰老而低产的桑园，除加强肥培管理外，可视衰老程度，采取不同的措施予以复壮。

1. 春伐复壮

对于树干健全、枝条细小的未老先衰型桑树，可以采用春伐来恢复树势、提高产量。具体做法是在春天发芽前，把生长较好的枝条提高 7cm 左右剪伐，细小的枝条齐基部剪去。发芽后春蚕壮蚕期及时疏芽，使养分集中。同时加强肥培管理，并在第二年或第三年再进行夏伐即可。

2. 截干复壮

对于支干衰败、主干良好的桑树或树干过高管理不便的桑树，可采取截拳更新的办法达到复壮的目的。一般在春季发芽前进行截干。截干高度视树体情况而定，要在树干分叉上方截干。因分叉处潜伏芽较多，容易萌发新芽。截干后的新芽养分集中，生长迅速，可重新养成支干替代老干剪定树型。

3. 拳上留拳

对于主干支干良好、但桑拳已经衰老的桑树，可采用拳上留拳的方法、重新养成新拳，以增加总条数。即在夏伐时，每拳选 1~3 根位置适当而粗壮的枝条，提高 20cm 左右剪伐，使其成为新的支干、其余枝条齐基部剪去。发芽后每根枝条上留 2~3 个芽任其生长，其余芽疏去。第二年夏伐时，在枝条基部剪伐，养成新的桑拳。

（三）嫁接良种

对于实生桑或品种不良的桑树，可采用嫁接的方法接换成优良品种。嫁接换种可采用腹接、冠接和芽接等方法。嫁接部位一般是在树干或枝条上。实生桑的主干直径达3cm以上的，可采用腹接；主干很粗、树皮老硬的，可采用冠接；树型高大的可在枝条上进行芽接；嫁接成活后，穗芽生长旺盛、可以采用摘心分枝方法，当年养成主干和支干，以加快树形养成。

（四）增施肥料，合理采叶

对于养用失调的低产桑园，以养用结合的措施加以改造。目前，有些密植桑园，树龄尚轻，但是树干不壮、枝条细短、产叶量不高。其原因是养用失调，即采叶过度和肥培较差，造成未老先衰。对于这类桑园，应强调养用结合。要在增施肥料的同时，注意合理采叶。以恢复树势，改变低产面貌。

第五节　桑园气象灾害及防控

气象灾害是由异常气象所引起的对桑树的多种灾害，主要有霜害、冻害、风害和雹害等，如河南省发生较多的是霜害。这些灾害都会影响桑树生长，轻则降低桑叶产质量，严重时会造成桑树死亡。在桑树栽培过程中，要注意收听当地气象预报。采取可能的预防措施、做好受灾害后的善后措施，使灾害降低到最低程度。

一、霜害

霜冻多在春季桑树萌芽后遇到晚霜时发生。晚霜一般出现在寒流来临，天气晴朗之日、傍晚天晴无风、21:00左右的气温在10℃以下，黎明前可能出现霜害。一般早生桑易受害，低干桑比中、高干桑受害重，低处比高处重，萌发的嫩芽比脱苞芽受害重。霜害主要表现在萌发的芽叶上，轻的局部焦枯、重的全部焦枯。可采取以下防范及补救措施。

1. 熏烟防霜害

密切关注天气预报，如预测当晚与次晨有可能发生霜冻时，可采取在桑园中熏烟的办法。可在桑园的上风处堆放稍带湿树枝、落叶、杂草等。在每块桑园的四周按每亩桑园 4~5 堆备好熏烟材料（每堆材料的量能熏 3 小时左右），于下半夜 2 时左右，当气温降至 3℃左右时，点燃柴草。让浓厚的烟雾弥漫在接近地面的空气中，减少地面热量向上辐射、使地面温度增高、可避免或在一定程度上缓解霜冻对桑树的危害，达到预防霜冻的效果。

2. 灌水防霜害

灌水能增加桑园内的空气湿度。一般来讲，土壤湿度越大，空气中的水气就越多，凝结时放出的热量就越多。形成这样一个优良的小气候，能防止土温及空气温度的急速下降，使温度能基本上趋于稳定。即使降温、降幅也较小，从而避免或减轻霜冻的危害程度。

3. 合理搭配品种

对于经常发生霜冻危害的蚕区在发展和改造桑园时，要逐步增加中晚生桑的比重，如选 792、丰田 2 号。

4. 加强管理桑树

遭到晚霜危害，要根据被害情况进行处理。叶片焦枯而生长点完好的，可任其生长；如果大部分芽全部焦枯，应将焦枯部分剪去，促使下部休眠芽萌发。受霜害的桑园要增施一次速效性肥料，促使芽叶生长；也可在叶片开放 3~4 片时进行根外追肥 3~4 次。同时，还要加强中耕除草、排灌及病虫害防治工作。

5. 推迟发种

桑枝补剪后，天气回暖，下部的休眠芽或潜伏芽重新萌发。这样无形中就延迟了桑树发芽的时间，导致发芽抽梢比往年偏晚。而春蚕又是全年最好饲养的 1 次，并且此次蚕茧产量高、质量好、效益佳。为不影响春蚕的用种量，确保冻后全年养蚕效益。应适当调整春蚕出库时间，推迟发种。具体时间看当地桑树生长情况而定。

二、冻害

冻害和霜害一样都是由低温袭击所引起的灾害，但是冻害和霜害有明显区别。首先发生的时期不同，霜害一般发生在晚秋落叶前或早春发芽开叶的阶段。而冻害发生在桑树休眠阶段，以及休眠前和休眠解除时；从为害的部位看，霜害是为害芽叶，而冻害主要是为害枝条、树干甚至根部；霜害的被害温度是 $-3 \sim 3℃$，而冻害是在 $-5℃$ 以下。一般树龄小的比树龄大的抗寒性弱，低干桑比中、高干桑受害重；夏伐桑比春伐桑受害重；晚秋期枝条梢端留叶的比不留叶的受害轻。冻害表现在枝条及树干上，冻害部分呈现明显的皱缩干枯状。桑园防冻措施有选用耐寒品种、合理采伐、施肥排水、盖土防冻等。

三、风害

风对桑树生长的影响，因风速大小而不同。一般的风速可以调节桑园温度、湿度及空气成分，对桑树生长有利。当风速在 $10m/s$ 时，能使枝条摇动、桑叶摩擦破碎、降低叶质。当风速在 $20m/s$ 以上时，能使枝条折断、桑树倒伏。风害多发生在易受台风袭击地区及每年的台风季节。在易受风害地区建立桑园，应结合其他农作物建立防护林带。听到当地气象台（站）台风警报后，可把枝条若干根结缚起来成束，以防止枝条摆动碎叶。风害后要巡视桑园，折断的枝条要剪去、倒伏的桑树要扶直壅土、追施速效性肥料、加速恢复树势。

四、雹害

雹害多出现在晚春到早秋季节，是在局部地区发生的突然灾害，对桑树的破坏力很强。受害轻的，桑叶破损；受害重的，芽、叶打落，枝条折断，使桑叶产量受损严重。春蚕期受雹害重的，可进行春伐，使夏、秋用叶多产；夏秋期受害重的，可将折断的枝条剪去，同时加强肥水管理，使迅速恢复生长。

第三章 省力化桑树栽培与管理技术

过去栽培桑树，是一家人的生计所在，是整个家庭的支柱产业，孩子上学、家里盖房、孩子结婚都靠它，那时候家里没有充足的钱投资桑园，桑园管理以省钱为出发点，自己累点没关系。随着社会的发展，特别是将蚕桑业作为事业而不是谋生手段时，管理桑园的出发点就发生了变化。关注的不再是省钱，而是如何高效省力，特别是对规模化管理的桑园，更是如此。随着农村劳动力向城市转移，随之而来的必然是劳动力短缺和劳动成本的升高。这也要求在桑园管理中，要最大限度实现省力化，过去是靠力气挣钱，现在是靠科技和资金挣钱。我们也非常欣喜地看到，广大科技工作者已将省力化桑树栽培与管理技术作为重点任务之一，已取得了许多成果。

第一节 桑园滴灌技术

滴灌是通过干管、支管和毛管上的滴头，在低压下向土壤经常缓慢地滴水。滴灌是直接向土壤供应已过滤的水分、肥料或其他化学剂等的一种灌溉系统。它没有喷水或沟渠流水，只让水慢慢滴出，并在重力和毛细管的作用下进入土壤。滴入桑树根部附近的水，使桑树主要根区的土壤经常保持最优含水状况。省水省工、增产增收，这是一种先进的灌溉方法。滴灌技术适用于任何土壤、任何地形和不同密度的桑园，尤对丘陵干旱山区的桑树效果显著。

一、滴灌系统的组成

滴灌系统由水源、首部枢纽、输水管道系统和滴头4部分组成。首部枢纽包括水泵、动力机、化肥施加器、过滤器、各种控制量测设备。过滤器是滴灌设备的关键部件之一。输水管道系统由干管、支管和毛管三级管道组成。干支管采用直径20~100mm掺碳黑的高压聚乙烯或聚氯乙稀管，一般埋在地下，覆土层不小于30cm。毛管多采用直径10~15mm碳黑高压聚乙烯或聚氯乙烯半软管。滴头是滴灌系统重要设备，影响滴灌质量的重要部件。一般要求滴头具有适度均匀而又稳定的流量，有较好的防止堵塞性能，而且耐用、价廉、装拆简便。滴头的流量可根据需水要求确定。

二、滴灌系统的布设

滴灌系统布设时尽量使整个系统长度最短，控制面积最大，投资最低。一是选择好滴灌系统。滴灌系统分固定式和移动式两种，固定式干、支、毛管全部固定；移动式干、支管固定，毛管可以移动。桑树滴灌采用固定式、移动式均可。二是滴头及管道布设。滴头流量一般控制在2~5L/h，滴头间距0.5~1.0m。黏土，滴头流量宜大、间距也宜大，反之亦然。平坦地区，干、支、毛三级管最好相互垂直，毛管应与桑树种植方向一致。山区丘陵地区，干管与等高线平行布置，毛管与支管垂直。在滴灌系统中，毛管用量最大，关系工程造价和管理运行。一般桑园滴灌毛管长度为50~80m，并加辅助毛管5~10m。

三、注意事项

一是滴灌的管道和滴头容易堵塞，对水质要求较高，所以必须安装过滤器；二是滴灌不适宜结冻期灌溉，不能利用滴灌系统

追施粪肥。

第二节 桑园覆草技术

桑园覆草就是利用麦秆、麦壳、菜籽壳、蚕豆壳、稻草等植物秸秆，撒在桑树行间，实施桑园土壤覆盖的一项实用技术。桑园覆盖杂草秸秆有多种功效，增产作用显著，而且简单易行。我国广大蚕区，凡是有草料来源的，都可普遍采用。

一、桑园覆草的好处

1. 防止土壤冲刷

桑园覆草，就可以保护表土、避免雨滴直接打击。并使落在草料上的雨水，变成缓慢的水流向土层渗透。从而使地表径流的数量大大减少，土壤就不会被冲刷。

2. 保蓄土壤水分

覆盖草料可以减轻日晒雨淋和人为践踏对土壤的影响，使土壤在较长时期保持比较疏松的状态。降雨时，能有较多水分渗入土层之中；天旱时，覆盖的草料又能减少土壤水分的蒸发损失。覆草的桑园比起未覆草的桑园土壤含水率可提高3%以上。

3. 抑制杂草发生

桑园覆草，使得被盖住的各种杂草见不到阳光，茎叶就会黄化死亡。时间稍长，其下的根茎、块根、块茎等也会失去抽发新株的能力。刚萌发的杂草种子也无法继续生长。铺草对于防除杂草，特别是多年生杂草，有很好效果。

4. 稳定土壤温度

覆盖草料，夏季能使土壤不受烈日照射，土温就会较低。冬季又能减少土壤热量的散失，土温就会相对增高。全年土温的变动幅度较小而相对稳定，有利于桑树根系生长。冬季寒冷的北方蚕区和高山桑园，覆草是减少冻土层厚度、避免桑根受冻的重要措施。

5. 增加土壤有机质

覆盖的各种草料，本身就是一种有机肥料。其腐烂之后，不但补充土壤氮、磷、钾养分，而且还能大大增加土壤腐殖质数量。这对于熟化桑园土壤，全面改善土壤物理、化学性质以及活跃与增加土壤微生物等均有重要作用。一般桑园土壤，只要经过连续数年的覆草之后，土壤肥力即可有明显提高。

6. 充分利用资源

每到收割季节，农民把大量的秸秆放在田间进行焚烧，不仅浪费资源且污染严重，破坏生态环境。实施桑园覆草不仅可以减少环境污染、保护生态环境，而且可以有效利用自然资源、变废为宝、促进生态良性循环。

7. 增产桑叶

桑园覆草可有效促进桑树生长、提高桑叶产量和质量，一般可增产桑叶 10% 以上。

二、覆草技术

桑园覆草是增产桑叶的一种有效措施。由于覆草的数量、方式、时期以及草料本身性质的不同，其增产作用大小也会有所不同。

1. 草料来源

凡是稻草、麦秆、豆秸、油菜秆、绿肥、山野杂草等都是极好的覆草材料。那些晒场废弃物，如麦壳、豆壳、菜籽荚壳、留种绿肥的茎秆等也可充分利用。其他如落叶、树皮、木屑、厨余有机垃圾等也可代用。甚至山上割取的嫩柴、灌木枝条等连枝带叶也可在桑树行间覆盖。

2. 适时覆草

一般在 6 月上中旬，此时适逢麦收、草源充足，且桑树夏伐后田间易操作，麦秆、豆秆、菜籽秆均可覆盖。也可以进行春覆和冬覆，即在 3 月中下旬，用上年的杂草或稻草覆盖。

3. 适量覆草

一般每亩桑园覆草 600kg 左右，厚度以不见土为宜。覆草过少容易产生地面杂草，覆草过多将会影响土壤的通透性。要求桑园畦面全覆、厚薄均匀。

4. 沟系配套

覆草的桑园沟系要畅通，防止水系不通。雨水季节造成桑园积水严重，秸秆浮起、堵塞排水沟、给桑园排灌带来不便。

三、注意事项

1. 注意防火

覆草后的桑园，不能让小孩玩火。在田间操作的人不得把烟蒂丢到草上，防止引发火灾，造成不应有的损失。

2. 桑病虫防治工作要到位

覆草后在进行桑树治虫的同时，还要在覆草上喷布一些高效低毒农药。特别是关门治虫，要防止因覆草给桑园害虫提供越冬场所，增加虫口基数而为害桑树。另外，多雨地区还要注意加强对桑膏药病和介壳虫的防治。对于桑瘿蚊发生地区，避免进行桑园覆草。

3. 减轻桑园受旱高温影响

需要在伏旱出现之前土壤水分比较多的阶段，先行浅耕松土、随即铺草覆盖。

第三节　桑园化学除草技术

　　桑园杂草对桑树的危害很大，它与桑树争夺土壤养分，尤其在天气干旱时情况更为严重。此外，杂草还会助长桑树病虫害的滋生蔓延，给桑叶的产量和品质带来不利影响。人工锄除杂草效果较好，但工作效率不高，寻找安全、高效的除草方法显得尤为重要。桑园使用化学药剂杀除杂草。我国 20 世纪 70 年代以来，已有不少地区用化学除草剂进行了桑园除草试验，并在较大面积上进行生产性应用。化学除草具有效果好（杀草率达到 70% 以上）、省工、省时、方便、成本不高的优点。今后随着化学工业的进一步发展，更多更好更安全的除草剂一定会在桑园中得到普遍应用。

一、除草剂的使用方法

　　1. 敌草隆除草剂

　　含有效成分 25%，可湿性粉剂。用 0.5kg 敌草隆除草剂对水 100kg。在早春桑树发芽前或夏伐后，土壤耕作后将除草剂喷洒在土壤表面，能有效防止杂草生长。可维持药效 1.5 ~ 2 个月。注意喷药后不能翻土层。灭草隆用量稍比敌草隆少一点，用法和敌草隆一样。

　　2. 草甘膦除草剂

　　属内吸传导型广谱灭生性除草剂。其内吸传导性强，选择性小；对人畜低毒、对天敌安全；对桑园中大部分一年生和多年生杂草有效，尤其对一年生禾本科杂草和莎草科杂草效果良好。除草方法为用 1kg 草甘膦加 0.2kg 洗衣粉对水 100kg，在杂草盛发期定向喷雾。药效可维持 1.5 ~ 2 个月。但注意除草剂不能喷洒在桑叶上，以免造成伤害。喷洒除草剂，应间隔 15 天后，才能采叶喂蚕。

3. 二甲四氯除草剂

含有效成分 20% 液剂。用 0.5~0.8kg 药物对水 150kg，用喷雾器将除草剂喷洒在杂草的茎叶上，从而杀死杂草。药效可维持 1~1.5 个月。但注意除草剂不能喷洒在桑叶上。喷洒除草剂，应间隔 15 天后，才能采叶喂蚕。

二、注意事项

化学除草方法不当，容易出现效果差，或持效期短，或铲除率低落，有时还会发生药害。因此，使用除草剂应注意以下几点。

1. 注意药剂的类型以及用药时间

不同类型的除草剂有不同的施药时间。通过植物枝叶输导或触杀而导致枯死灭生的除草剂，时间最好在杂草幼叶大面积形成，但尚未老化时喷洒。

2. 注意用药操作方法

不少灭生性除草剂一旦接触桑树枝叶就会发生药害，喷洒时应使喷头向下，定向喷雾、避免意外喷洒到桑树或间作物上。

3. 注意严格掌握用药量

既可有效铲除杂草，又不造成浪费。如使用 10% 草甘膦，一般每亩用药 1kg，对水 100kg。为提高药效可加 0.1%~0.2% 的洗衣粉。

4. 注意用水质量

配药用水要清洁无污染，不用硬水、泥浆水、混浊水、不要与碱性农药，化肥混喷。

5. 注意安全用药

多数药剂对人体有伤害作用，应尽量避免触及皮肤和眼睛，一旦接触会引起刺激，出现过敏症状，应立即用清水冲洗干净。

6. 注意器械的清洗与保管

喷雾器应清洗干净，否则易引起零件锈蚀。喷雾器最好专用，尽可能不要用来喷施其他农药和叶面喷肥，以免因不慎而产生药害。

7. 注意交替用药

连续多次喷施同一种药剂会降低除草效果，一种药剂一般不能连续使用 3 年以上。

第四节　地膜覆盖培桑技术

地膜覆盖作为一项重要的桑园土壤管理技术，日益受到人们的关注。通过地膜覆盖能有效的提高土壤温度，减少土壤水分蒸发、节约用水、使土壤保持良好的结构，有利于桑树根系的活动生长、增加桑树总体生长量、提高桑叶产量和质量。另外，无须中耕除草，节省了劳力、降低了成本。

一、地膜覆盖的作用

1. 提高地温

采用地膜覆盖时，地膜与地面之间形成微小空间，产生温室效应。能减少土壤中热量向大气中扩散，可使表土层的土壤温度提高 3~5℃；能促进桑树根系生长，使桑树提前发芽，增加桑叶产量。

2. 保持土壤水分

盖膜后切断了土壤水分同大气水分的交换通道，膜下土壤蒸发出来的水气凝集在地膜与土表之间为 2~5mm，水气在薄膜内壁凝结成小水滴并形成一层水膜，增大的水滴又降到地表，这样就构成一个地膜与土表之间不断进行的水分内循环，大幅度减少膜下土壤水分向大气的扩散。因而可以有效地防止土壤水分蒸发，有利于保持土壤水分、使土壤墒情良好。

3. 提高肥料利用率

进行地膜覆盖后土温最高可达 30℃以上，土壤中有益微生物活动旺盛，加速了土壤中有机质的分解，使肥料速效化、达到节省肥料的目的。

4. 有利于改善土壤理化结构

进行地膜覆盖能始终保持土壤表面不板结，膜下土壤孔隙度增大，土壤疏松、土壤容重降低、通透性增强、有利于根系生长

5. 减少除草用工

覆盖黑地膜能有效抑制杂草生长，减少除草人工和时间、降低生产成本。

二、主要技术要点

1. 覆盖材料

要选择有光泽、韧性好的黑色农用原生塑料薄膜，每亩桑园用量约 13kg，可使用 2 年以上。地膜规格可按桑树栽植行距的宽度选择。如果是宽幅地膜，覆盖前按行距宽度进行裁剪，并卷成筒状以备使用。

2. 桑地的选择

地膜覆盖宜选择成片、集中、较为平整的桑园，幼龄桑园和稀植桑园覆盖效果更好。地膜覆盖前一年冬季，桑地应冬耕一次并施足冬肥，以有机肥为主。地面稍作整理，使其畦中间略高于两侧，有利盖膜后雨水向畦沟流入，畦面不积水。冬种绿肥的桑园盖地膜前不必翻埋，杂草较多的桑地也不必除草，直接盖地膜后绿肥和杂草会自然死亡。

3. 地膜覆盖时间与方法

桑园地膜覆盖时间一般掌握春肥（催芽肥）一次性施入后即可盖膜。其方法按桑树行间平铺地膜，畦两头防止风吹用土压

膜。左右两块地膜在桑树株间交接，用桑条扦插固定，或用土块填压均可。摊地膜时不宜绷得太紧，以免人工踩踏时容易造成破裂。地膜中间切勿盖土，畦沟上不要盖膜。

4. 地膜覆盖后桑园的肥水管理

盖膜后桑园施肥时，只需将地膜一侧掀起，开沟施肥盖土后把地膜复原。夏秋肥可合并于 7 月中下旬一次性施入。当年冬季不冬耕，不起膜。全年施肥 2~3 次，但总施肥量不减少，多施复合肥或适当配施磷、钾肥，保证桑叶质量。多雨季节应开沟排水。夏秋季遇干旱时，可在畦沟中开鱼鳞坑以蓄积雨水，增加土壤含水率。

5. 起膜清园

地膜覆盖 2~3 年后会老化破裂，根据破裂程度于第二年冬或第三年夏季将地膜收集并清除出桑园，集中处理，以防污染环境。起膜后可冬耕一次，并施足有机肥，待下年春期再次盖膜。若在第三年夏季起膜，当年秋期不必再盖膜，杂草生长一般很少，入冬后冬耕施肥，称为"一盖三年，三年一耕"，省力化效果及经济效益更加显著。

第四章 桑树主要病虫害及防治

桑叶是养蚕的物质基础。桑树在生长过程中，常因各种病虫的为害而降低桑叶的产量和质量，成为桑叶生产中一项重要的自然危害。所以，必须十分重视桑树病虫害的防治。

第一节 桑树主要病害及防治

桑树的病害很多，按危害桑树的部位可分为芽叶病害、枝干病害、根部病害和全株性病害。河南省常见的桑树病害主要有萎缩病、桑里白粉病、桑赤锈病、桑疫病、桑褐斑病、桑炭疽病、桑污叶病、桑根结线虫病、桑紫纹羽病、桑炭疽病等。

一、芽叶病害

（一）桑污叶病

1. 症状

我国各区均有发生。主要为害叶片，多发生在较老的桑叶背面，嫩叶上很少见到。初生小块煤粉状黑斑，随病情扩展，在对应的叶表面产生同样大小的灰黄色至暗褐色病斑，严重时病斑融合或布满叶背，造成整张叶片变色。该病常与桑里白粉病混合发生，在叶背形成黑、白相间的混生斑。

2. 防治方法

（1）晚秋落叶前，摘去桑树上残留叶片作饲料或沤肥，减少下年菌源。

（2）饲养秋蚕期间先采枝条下部的叶片，防止叶片老化发病。

（3）加强肥培管理。夏伐后适时增施肥料，秋季干旱时及时灌溉，使桑叶鲜嫩。

（4）发病初期喷洒 70%代森锰锌可湿性粉剂 500 倍液或 65%代森锌可湿性粉剂 600 倍液。

（二）桑赤锈病

1．症状

又称赤粉病、金桑、金叶等，分布在全国各蚕区。主要为害桑树嫩芽、幼叶、新梢等。嫩芽染病部畸形或弯曲，桑芽不能萌发。新梢上的芽、茎叶染病局部肥厚或弯曲畸变，出现橙黄色斑。叶片染病在叶片正背面微生圆形有光泽小点，逐渐隆起成青泡状、颜色变黄，后呈橙黄色、表皮破裂、散发出橙黄色粉末状的锈孢子，布满全叶。故有"金桑"之称。病菌在病斑内越冬，由锈孢子传播。高温多湿的季节发生较多，乔木桑发生较重。

2．防治方法

（1）剥除初侵染病芽，控制再侵染。在桑芽脱苞到开叶期，锈孢子成熟飞散前经常巡视桑园，要在"泡泡纱"状将变黄色前突击去掉病芽，及时烧毁，每 7～8 天 1 次，直至不再出现病芽为止。此法防治效果达 80%。

（2）加强桑园管理。彻底夏伐，消除病菌在绿色组织里过渡存续的机会，可减少侵染和发病；雨后及时开沟排水，防止湿气滞留。

（3）药剂防治。用 25%粉锈宁 1 000 倍液稀释液喷洒桑芽，每隔 7～10 天喷一次，连喷几次。春季防治效果为 90%，夏季防治效果为 80%。

(三) 桑卷叶枯病

1. 症状

又称桑叶枯病，主要为害桑叶。春季嫩叶发病时，桑叶边缘现深褐色连片大病斑，后随叶片生长发育，叶身向叶正面卷缩。夏秋发病时，枝条顶端叶片的叶尖和附近叶缘褐变，逐渐扩展致叶片的前半部出现黄褐色大病斑；下部叶片受害，叶脉间及叶缘产生梭形大斑，病健部分界明显。干燥时病斑裂开，吸水后易烂腐。病叶易脱落或干枯。湿度大时，病斑上产生暗蓝褐色霉状物，即病菌的分生孢子梗和分生孢子。

2. 防治方法

(1) 晚秋落叶后，及时收集病叶集中烧毁或深埋，以减少菌源。

(2) 合理密植、适度采叶、保持通风透光、雨后及时排水、防止湿气滞留。

(3) 发病初期开始喷洒 50% 多菌灵可湿性粉剂 1 000 倍液。夏伐后喷洒波美 4°~5°石硫合剂或 25% 多菌灵可湿性粉剂 500 倍液进行树体消毒。

(四) 桑里白粉病

1. 症状

又称白粉病、白背病。多发生于枝条中下部将硬化的或老叶片背面，枝梢嫩叶受害较轻。本病初发时，叶背产生白粉状圆形病斑，后逐步扩大连成一片。同时，在桑叶正面叶色变成淡黄褐色，后期在白粉状病斑中央，密生黄色小粒点、后渐变成黑色。

2. 防治方法

(1) 加强培肥管理，合理采叶。发病严重地区应注意施堆肥和抗旱以增强树势，延迟硬化。

(2) 冬季清园。要把病枝病叶集中烧毁，减少病源。

(3) 平衡施肥，不偏氮肥。

（4）合理密植。适时采叶，摘除弱枝，加强通风透光。

（5）发病初期用70%的甲基托布津1 000～1 500倍液喷雾，一周后再喷雾一次可收到显著效果。用2%硫酸钾溶液，或用5%多硫化钡溶液，全株喷雾。下部为重点，可控制病情发展。

（五）桑褐斑病

1. 症状

又称烂叶病、烂斑病、焦斑病。全国各蚕区均有发生区，主要为害桑叶。发病初期在叶片正反两面可见芝麻粒大小的暗色水浸状病斑，后扩大为近圆形、暗褐色斑。病斑继续扩大，受叶脉限制呈多角形或不规则形、边缘暗褐、中部色淡、直径2～10mm，病斑正、反两面均生淡红色粉质块。粉质块内有许多黑色小点即病原菌分生孢子盘，后期变为黑褐色残留在病斑上。病斑周围叶色稍褪绿变黄。干燥时病斑中部常开裂，多融合成大病斑，后叶片焦枯或烂叶，叶片枯黄脱落。晚秋叶上病斑周围具有紫褐色晕圈，叶脉也呈紫褐色。新梢、叶柄染病，病斑呈暗褐色、梭形、略凹陷。

2. 防治方法

（1）摘除病叶，以减少菌源。发病期间，随时摘除病叶，以减少传染源；每年下霜前将病、健叶一并摘去，以减少越冬菌源。结合冬季整枝修剪，将有病斑的枝梢及瘦弱枝条剪掉烧毁。

（2）发现20%～30%叶片上有2～3个芝麻粒大小斑点时，马上喷洒70%甲基托布津可湿性粉剂1 000倍液，隔10～15天1次，防治2～3次。

（3）发病严重的桑园，秋蚕结束后，喷洒0.6%～0.7%的波尔多液或在春季桑树发芽前全面喷洒波美4°～5°石硫合剂1～2次，对杀灭枝干上的病菌有效。

（六）桑灰霉病

1. 症状

叶片、雄花、桑椹均可受害。新梢生长至 3～27cm 时叶片开始发病，病斑先从中下部叶片的尖端或叶缘开始，后逐渐向叶内主脉扩展；病部由深褐色变成黄褐色，叶缘多向叶面或叶背卷起。湿度大时，病部表面出现灰色至灰白色霉层，即病原菌的分生孢子梗和分生孢子。

2. 防治方法

（1）加强桑园管理，避免低温高湿条件出现。低温不仅削弱了桑树生活力，而且低温持续时间长、抵抗力下降，遇有高湿很易感染灰霉病。因此，要提温降湿，是防治该病根本措施。

（2）秋后及时清除病残叶，集中烧毁或深埋。

（3）合理浇水和施肥，雨后及时排水防止发病条件出现。

（七）桑炭疽病

1. 症状

主要在秋季为害枝条中下部叶片。病斑初为浅褐色至褐色小点，后扩大为圆形斑、四周暗褐色至红褐色、中部灰黄色或浅褐色。湿度大或阴雨连绵时病斑吸水膨胀，出现腐败穿孔，天气干燥病斑中部常裂开。叶脉、叶柄、实生苗根颈部的短线条状病斑呈鲜红至赤褐色。病斑正、背两面均散生有棕褐色至黑色疹状小颗粒，即病菌的分生孢子盘。多个病斑融合后，造成叶片枯焦脱落，实生苗受害重。主要在秋季为害枝条中下部叶片。

2. 防治方法

（1）秋季及时收集病叶烧毁或沤肥减少菌源。

（2）提倡施用桑树专用肥，提高抗病力。

（3）夏伐后喷波美 4°～5°石硫合剂或 25%多菌灵可湿性粉剂 800 倍液消毒。

（4）发病季节喷洒 70%托布津可湿性粉剂 1 000 倍液或 50%

多菌灵可湿性粉剂 1 000 倍液。

二、桑枝干病害

(一) 桑干枯病

1. 症状

是枝干部主要病害之一。桑树发芽前后，距地面 40～50cm 以下枝干上出现椭圆形至不规则形浅黄色病斑，后成赤褐色；病斑扩展环绕枝干一周后，病部以上枝条枯死。5—6 月病健组织交界处稍凹陷，橙黄色，上生鲨鱼皮状小疹；6—7 月后小疹外皮破裂，露出黑点。

2. 防治方法

(1) 重病区、寒冷地区应选用中、高干形，夏秋蚕期采桑不要过度，采用配方施肥技术，提倡施用有机堆肥及桑树专用肥。春季发芽时剪除病枝干集中烧毁。

(2) 秋末冬初树干上喷洒波美 4°～5°石硫合剂。

(3) 必要时喷洒 50%甲基托布津可湿性粉剂 600～1 000 倍液或 50%苯菌灵可湿性粉剂 1 500 倍液。

(二) 桑拟干枯病

1. 症状

易发生在采叶过重的幼龄桑树枝条上，半截枝较多见。早春枝条表面现水渍状椭圆形病斑，后逐渐扩展；当病斑包围冬芽时，冬芽不能发芽；当病斑环枝 1 周后，病部以上枝条枯死。桑拟干枯病因病原不同，分为桑平疹干枯病、桑腐皮病、桑粗疹病、桑丘疹干枯病、桑密疹干枯病、桑枝枯病、桑小疹干枯病等多种。桑平疹干枯病主要为害半截枝或幼龄枝条及苗干，产生椭圆形大病斑、有的长达 30cm、黄褐至赤褐色、潮湿时呈水肿状、干燥后凹陷皱缩。病健部分界明显，病树树皮易剥离、表皮裂开后呈黑色、皮下生有黑色密集小疹。桑腐皮病染病枝干上密生很多小黑点，突起粗糙且明显，似鲨鱼皮状。桑枝枯病多为害桑苗或幼树。在近地面枝条基部 2~3cm 处，产生黑褐色病斑、皮层坏死脱落、凹陷明显、四周生出很多暗黑色小疹。

2. 防治方法

（1）选用抗寒、抗病品种。

（2）加强桑园管理。春季注意检查病枝、病芽，及时剪除烧掉，对轻病枝要求在最后一个病斑下 6cm 处剪下。合理采摘夏秋叶，夏秋两季适当增施钾肥，避免偏施、过施氮肥；施用桑树专用肥，增强树势，尤其是中晚秋蚕结束时枝条上端要保留 6~8 片叶，使越冬枝芽充分发育、增强抗病力。秋后桑叶脱落后，及时清园。

（3）冬季桑树休眠后或早春发芽前，喷洒 40% 百菌清悬浮剂 600 倍液、波美 4°~5° 石硫合剂进行枝干消毒。

（三）桑枝枯菌核病

1. 症状

本病发生在新梢基部。开始为黑色点斑、病斑逐渐扩大。当病斑围住枝条时，因阻止了树液的流动，而使病斑以上的芽叶突然凋萎。几天后，全部干枯变褐。在患病后期，病枝皮层腐烂、组织溃坏，散发出酒精气味，在病部的皮层与木质部之间长有如老鼠屎大小，扁状黑色的菌核。

2. 防治方法

（1）加强桑园管理，清除杂草、开沟排湿、冬耕翻晒土壤。

（2）药剂防治。用 70% 甲基托布津 1 000~1 500 倍稀释液或 50% 多菌灵 500~800 倍稀释液喷洒。

（四）桑芽枯病

1. 症状

多发生于虫蛀、冻害、生长虚弱的桑枝上，以幼龄桑树发生较多。在芽周或伤口附近下陷的病斑上，产生橙红色的小粒点，一般在 3、4 月间。后期在病部长出黑色颗粒，一般在 5 月前后。严重时皮层腐烂，有酒精味。

2. 防治方法

（1）早春巡视桑园，发现有病枝就剪下烧掉，以免再次传播侵害。

（2）合理采叶与施肥，增施有机肥，使桑树增强抵抗力。

（3）加强桑园管理，及时排水防涝。

（4）局部发生时，可刮除伤口涂药（方法同拟干枯病）。

三、根部病害

（一）桑根结线虫病

1. 症状

桑树根系受到根结线虫侵染后，致根部组织过度生长，形成大小不等的像豆科植物根瘤状的肿瘤；小的似豆粒，大的如鸡蛋，外表呈不规则球状，有时几个根瘤连在一起。根瘤初形成时呈黄白色、表面光滑、较坚实；剖开根瘤，肉眼可见半透明的乳白色粒状物，即雌线虫；后根瘤变为褐色至黑色而腐烂。该病造成植株地上部出现似缺肥或缺水症状，病株生长迟缓、变矮、枝条少且纤细，叶小而薄；顶叶难伸开，严重的叶色变黄，叶缘卷褶或干枯脱落，枝条干枯死亡。我国各蚕区都有发生。一般桑苗栽植 2~3 年后开始发病的，减产明显，4~5 年逐渐枯死，严重地区栽植 2~3 年后，长势衰退乃至枯死。

2. 防治方法

（1）用无虫地育苗，新栽桑要严格选用无病苗木。

（2）严格检查桑苗，发现后应将肿瘤完全剪去烧毁，然后在 48~52℃ 温水浸根 20~30 分钟，可有效杀死瘤内线虫。

（3）少数桑树发病的桑园，应将病树挖去后，进行土壤消毒。病穴用生石灰或 1% 有效氯漂白粉液进行土壤消毒。

（4）普遍发病的地区，应改种甘蔗、水稻、玉米等禾本科作物，3 年或 4 年后再种桑树。

（5）有条件地区可用二溴氯丙烷、线虫磷、除线特等杀线虫剂防治。

（二）桑紫纹羽病

1. 症状

该病主要危害桑根。开始发病时，根皮失去光泽、逐渐变黑褐色、桑树生长衰弱。发病严重时，先从枝梢先端或细小枝条开始枯死，根部变褐、皮层腐烂、只剩下相互脱离的栓皮和木质部。被害桑根的表面上有约 1mm 粗细的紫红丝网和半球形的紫红色颗粒，是病菌菌丝形成的菌索和菌核。树势衰落、叶型变小、叶色发黄、生长缓慢、以至全株死亡。

2. 防治方法

（1）新辟桑园必须先了解前作是否发生过紫纹羽病。可先栽一次萝卜，或将 30cm 长的细桑条埋入土中经四、五十天后，挖起检查有无紫红色根状菌索。

（2）加强检疫，禁止从病区调运桑苗。栽植时对感病或怀疑苗木带菌的用 45℃温水浸泡 20~30 分钟或 0.3%漂白粉浸泡 30 分钟、25%多菌灵可湿性粉剂 500 倍液浸泡 30 分钟。

（3）发病严重的桑园、苗圃，在彻底挖除病株、拾净病根的基础上改种水稻、麦类、玉米等禾本科作物，经 4~5 年后再种桑。轮作 1~2 年，不但没有防治效果，反而会因耕作助长病菌扩散、蔓延。

（4）加强桑园肥培管理。低洼桑园及时排水；酸性较重的土壤每亩施石灰 125~150kg，可起到降低土壤酸性和消毒作用；提倡施用沤制的堆肥或腐熟有机肥。

（5）桑园中发现有少数桑树发病时，应及早挖除连同残根一起烧毁。病树周围的桑树也要去几株，挖去病株后，应先进行土壤消毒，再补种桑树。土壤消毒剂可采用福尔马林，根据土壤干湿情况加水稀释后灌注，每 $1m^2$ 土壤内，灌注 100 倍的福尔马林 3~4kg。处理后经半个月才可种桑树，否则有药害。

四、全株性病害

（一）桑黄化型萎缩病

1. 症状

又称萎缩病、癃桑、猫耳朵、塔桑等。分布在全国各蚕区，多发生在夏伐后，早的 5 月上旬始发，6—8 月进入发病高峰。病树 2~3 年后死亡，严重的病株率达 60%，使成片桑园被迫毁掉。发病轻者桑枝顶端桑叶缩小变薄，叶脉细、略向背面卷缩、叶色黄化、腋芽早发。发病中等者叶缩小更明显、向后卷缩更严重，色黄质粗、节间短缩、叶序变乱、侧枝细小且多、不坐桑果。发病重者叶瘦小似猫耳朵，腋芽不断萌发、细枝成蔟丛生、似帚状。一般先由单枝发病，后向全株扩展。

2. 防治方法

（1）严禁把带病苗木及接穗、砧木运进无病区和新蚕区。新建桑园要自己育无病苗木。

（2）选栽适合当地的抗病品种。

（3）加强桑园管理，如春伐复壮、适量采用夏秋叶、增施有机肥、采用配方施肥技术、科学施用氮磷钾肥、增强树势、提高抗病力。发病率低于 30% 的桑园，于 7—9 月，巡回检视发病情况，发现病株及时挖除。同时要严格防治拟菱纹叶蝉和凹缘菱纹叶蝉，重点做好冬季剪枝灭卵工作。

（4）适时喷药消灭传毒昆虫，切断传染途径。在夏伐后及 9 月底至 10 月间，喷洒 80% 敌敌畏 2 000 倍液或 50% 马拉松 1 500 倍液或 50% 杀螟松乳剂或 50% 甲胺磷乳剂 1 000 倍液药杀叶蝉。

（5）对发病较轻的病株，可采用两夏一春轮伐法，控制发病、减轻发病；在桑树生长期内，可以用土霉素、四环素等药物进行治疗。株发病率高于30%的桑园则应考虑刨除旧病树，然后重栽。

（二）桑萎缩型萎缩病

1. 症状

萎缩型萎缩病又称隐桑、龙头桑、糜桑等，是桑树重要病害。各蚕区均有发生。发病轻的叶片小、皱缩，裂叶品种叶片变圆，枝条细短、叶序乱、节间短缩。中度染病，枝条顶部或中部腋芽萌发提早；有的生出很多侧枝、全叶黄化、致秋叶早落、春芽早发、没有花椹。染病重的枝条瘦细、病叶小、当全株所有枝条都发病时，致全株枯死。

2. 防治方法

（1）严格检疫，禁止从病区引进苗木。

（2）选用抗病品种。

（3）对较轻病株隔2年进行1次春伐，可以康复。

（4）嫁接前接穗用55℃温水浸泡10分钟，进行物理防治，可起防病之效。

（5）搞好媒介昆虫凹缘菱纹叶蝉和拟菱纹叶蝉的防治，方法是药杀和冬季剪梢除卵。

（三）桑花叶型萎缩病

1. 症状

是桑萎缩病的另一种，主要发生在春季和晚秋，引起桑叶卷缩、发皱、老硬，影响春叶和夏叶产量及质量。初发病时在叶片侧脉间出现浅绿至黄绿色斑块，叶脉附近仍绿色，出现黄绿相间的花叶或成镶嵌状、叶形不正、叶缘常向叶面卷缩、有的裂叶无缺刻；叶背脉侧易生小瘤状突起，细脉褐变、病枝细、节间缩短。有时同一枝上的叶片在春末、夏初或秋季出现，有时显症有时不显症的间歇发病情况。发病重时，病叶小、叶面卷起明显、叶脉变褐更明显，瘤状、棘状突起更多、腋芽早发、侧枝多、病株逐渐衰亡，但根系不腐烂。

2. 防治方法

（1）加强苗木检疫。

（2）培育无病桑苗。

（3）选用抗病品种。

（4）加强桑园管理，增施有机肥；低洼桑园雨后及时排水，防止湿气滞留。对病树作出标记，防止误用。

五、桑椹病害

桑椹菌核病

1. 症状

桑椹菌核病是肥大性菌核病、缩小性菌核病、小粒性菌核病的统称。肥大性菌核病花被厚肿、灰白色、病模膨大、中心有一黑色菌核，病模弄破后散出臭气。缩小性菌核病椹显著缩小，灰白色、质地坚硬、表面有暗褐色细斑、病椹内形成黑色坚硬菌核。小粒性菌核病桑椹各小果染病后，膨大、内生小粒形菌核。病椹灰黑色，容易脱落而残留果轴。

2. 防治方法

（1）清除病株。桑园中病椹落地后应集中深埋。翌年春季，菌核萌发产生子囊盘时，及时中耕、并深埋、减少初侵染源。

（2）药剂防治。花期喷洒 70% 甲基硫菌灵可湿性粉剂 1 000 倍液、50% 多菌灵可湿性粉剂 800～1 000 倍液，喷树冠有良好的防效。

第二节　桑树主要虫害及防治

桑树的害虫很多，河南省多发的桑树虫害主要有桑瘿蚊、桑尺蠖、桑毛虫、桑象虫、桑天牛、桑蓟马、桑粉虱等。

一、芽叶害虫

（一）桑芽瘿蚊

桑橙瘿蚊、桑瘿蚊均属双翅目、瘿蚊科。

1. 为害特点

成虫在桑芽上产卵，以幼虫寄生在顶芽幼叶间，用口器锉伤顶芽组织；吸食汁液，造成顶芽弯曲、凋萎、发黑、腐烂脱落、枝条封顶。连续为害后，桑树腋芽萌芽、侧枝丛生、枝条短小、叶质硬化变劣，导致桑叶减产并间接影响家蚕产茧量。

2. 形态特征

体形与蚊子相似。

3. 生物学特性

桑橙瘿蚊以老熟幼虫结成囊包在土下越冬，河南一年发生5~6代。成虫产卵于顶芽叶背皱折处或第一、二嫩叶背。幼虫具背光趋湿性，老熟后从芽的外侧爬出、弹跳入土。

4. 防治方法

（1）松土暴晒。通过冬季和夏伐后深翻，可将相当数量的桑瘿蚊"休眠体"翻至土面，经太阳暴晒致死。

（2）夏秋季勤除杂草，使表土通风干燥、开沟排水、降低桑园地下水位、保持土壤干燥、对抑制瘿蚊的发生有一定的作用。

（3）覆盖地膜，以阻止瘿蚊成虫羽化出土和老熟幼虫入土。

（4）剪侧扶壮，结合夏秋采叶、及时剪掉顶芽被害后生出的侧枝，使养分集中、增加条长。

（5）合理采叶。可采取适当增加夏蚕饲养量、隔行采叶等措施，促使桑园通风透光，以减轻为害。

（6）土壤施药。夏伐后，可用3%甲基异柳磷颗粒剂，每亩3~5kg拌细土40~50kg，撒匀在土面上然后翻下。

（7）顶梢施药。于各代幼虫孵化盛期，用80%敌敌畏乳油1 000倍或40%乐果1 000倍液，蚕期用25%灭蚕蝇500倍喷芽或滴芽防治，对养蚕无影响。喷药时，须将整个新梢喷湿。

（二）桑尺蠖

桑尺蠖属鳞翅目，尺蠖蛾科，俗称桑搭、造桥虫等。

1. 为害特点

各地普遍发生，桑园中幼虫终年可见。初孵幼虫群集叶背，日夜食害桑叶下表皮和叶肉组织形成透明斑，4龄后沿叶缘向内咬食成大缺刻。越冬幼虫在早春桑芽萌发时，常将桑芽内部吃空、仅留苞叶，严重时可将整个桑芽吃尽、使桑树不能发芽。

2. 形态特征

成虫体翅均灰褐色，翅外缘呈不规则齿形，前翅中央有2条黑色曲折横线。卵扁平椭圆形，初产水绿色、孵化前暗紫色。幼虫体圆筒形，向后逐渐粗大；灰褐色，背面散生小黑点，胸足3对、腹足2对。蛹圆筒形紫褐色；茧浅茶褐色，质地疏薄。

3. 生物学特性

以末代的3、4龄幼虫爬入桑树裂隙或平伏枝条背阳一侧越冬，次年3—4月间开始活动，为害转青冬芽。成虫具趋光性，白天隐伏、夜出活动，多产卵于枝顶嫩叶背。幼虫静止时，吐丝系于枝上依枝斜立，状似小枝。

4. 防治方法

（1）束草诱杀。

（2）早春捕捉幼虫。

（3）药剂防治。早春冬芽现青，尚未脱苞前以及伐条后喷洒90%敌百虫或80%敌敌畏1 000倍液。夏伐前或秋蚕结束后可喷施甲胺磷1 000~1 500倍液，压低幼虫虫口基数。

（三）桑毛虫

桑毛虫属鳞翅目，毒蛾科。又名黄尾白毒蛾、桑褐斑毒蛾、桑毒蛾，俗称金毛虫、毒毛虫等。国内各大蚕区均有分布，在部分蚕区常猖獗成灾。

1. 为害特点

以幼虫食害桑树芽、叶，尤以越冬幼虫剥食桑芽为害最严重，以后各代幼虫食害夏秋叶。初孵幼虫群集叶背，取食桑叶下表皮和绿色组织成膜斑状，4龄后分散取食；吃成大缺刻，仅留叶脉，严重时将全园桑叶吃光。幼虫体表的毒毛，触及家蚕时，可引起螫伤症、出现黑斑点；当触及人体时，则可引发皮炎，如大量吸入可致中毒。

2. 形态特征

成虫全体白色，雌蛾前翅内缘近臀角处有深茶褐色斑纹一个或无斑纹。雄蛾除此斑外，在内缘近基部还有一茶褐色斑。雌蛾腹部末端具黄色毛丛；雄蛾从第三腹节起即生黄毛，末端毛丛短而少。卵块多为长带形，外覆黄色茸毛。成长幼虫头部黑色，胸腹部黄色，背线红色。各体节上有许多红色或黑色毛瘤，上生黑色、黄褐色长毛和松枝状白毛，第六、七腹节背中央各有一红色盘状腺体。蛹茧长椭圆形，土黄色，其上附有幼虫毒毛。

3. 生物学特性

各地一年发生的世代数不等，均以3、4龄幼虫在桑枝裂隙、蛀孔、束草或落叶内，吐丝结茧越冬。次年早春，当日平均气温升至10.5℃时开始出蛰。初孵幼虫具群居性，受惊时吐丝下垂，随风转移。成虫具趋光性，产卵成块于叶背上。

4. 防治方法

（1）束草诱杀。越冬前束草于桑树主干或分枝上，诱集幼虫潜入越冬，次年春幼虫活动前解草处理，并注意保护天敌。

（2）在各代桑毛虫盛孵期进行人工摘除卵块和群集幼虫叶片。

（3）药剂防治。越冬前治好"关门虫"，秋蚕一结束，即用50%甲胺磷乳油1 000倍液或20%杀灭菊酯8 000~10 000倍液喷洒。发生代可用80%敌敌畏1 000倍液、或50%辛硫磷1 000~1 500倍液。

（四）桑螟

桑螟属鳞翅目、螟蛾科。俗称青虫、油虫、卷叶虫。国内各蚕区均有发生。

1. 为害特点

夏秋季幼虫吐丝缀叶成卷叶或叠叶，幼虫隐藏其中咀食叶肉；残留叶脉和上表皮，形成透明的灰褐色薄膜，后破裂成孔，称"开天窗"。其排泄物污染叶片，影响桑叶质量。因该虫为害致桑叶枯黄，影响秋季饲蚕或引发蚕病。

2. 形态特征

成虫体茶褐色，翅带紫色闪光；前翅有5条浅茶褐色横带，后翅沿外缘有一宽阔的茶褐色带。卵为不规则的扁椭圆形，淡绿色。初孵幼虫淡绿有光泽，密生细毛；成长幼虫体水绿色，越冬幼虫体变淡粉红色，胸腹各节均有黑色毛片。蛹略呈纺锤形，黄褐色；茧薄，白色。

3. 生物学特性

以老熟幼虫在桑树蛀孔、裂隙中、束草内及附近房屋墙缝内结薄茧越冬。成虫具趋光性，多产卵于枝顶的叶背沿叶脉处。非越冬代幼虫老熟后，即在被害卷叶内或裂隙中结薄茧化蛹。

4. 防治方法

（1）用束草或堆草诱集越冬老熟幼虫。

（2）秋冬季及时捕杀落叶、裂缝或建筑物附近的越冬幼虫；夏季及时捕杀初孵幼虫，必要时摘除受害叶。

（3）安置黑光灯诱杀成虫。

（4）提倡桑树统一时间成片夏伐，消除桑螟幼虫的过度桥梁。

（5）药剂防治，幼虫卷叶危害前，用50%辛硫磷1 500倍液、80%敌敌畏1 000倍液喷洒；幼虫卷叶后，用50%杀螟松1 500倍液等喷治；秋蚕结束后，用20%杀灭菊酯8 000~10 000倍，全面喷药，打好"关门虫"。

（五）桑蓟马

桑蓟马属缨翅目、蓟马科。又名举尾虫。我国许多省市都有发生。

1. 为害特点

成虫、若虫都以锉吸口器刺破叶背或叶柄表皮吸取汁液。被害部位因失去叶绿素而显白色透明小凹点，不久变褐色，被害叶因失水而提早硬化。夏秋季高温干旱时，虫口密度大，能使整个桑园枝条中上部叶片呈褐色；严重的叶片卷缩或脱落，因水分蒸发、蛋白质等营养物含量降低，叶质下降，养蚕效果极差。

2. 形态特征

成虫体小，似纺锤形、淡黄色、复眼很大、暗红色。前翅基部较粗，隆起。前、后翅均狭长透明，翅缘密生长毛。卵肾形，无色透明。初孵若虫无色、透明；4龄时橘红，形态与成虫相似，无翅。

3. 生物学特性

一年发生8~10代，以成虫在枯枝、落叶、蛀孔、裂隙、杂草中或小竹叶背面越冬。翌年春叶开放时，越冬成虫迁到桑树上为害并产卵繁殖。成虫有举尾习性，趋嫩绿，多集中在桑枝第1至3叶上产卵为害。若虫主要分布在第1至7叶上。

4. 防治方法

（1）选用抗虫品种。

（2）秋冬季清洁桑园，生长季节注意铲除杂草。

（3）根据虫口密度与气象条件，确定防治适期，及时喷药。常用药剂有40%乐果乳油1 000倍稀释液，40%氧化乐果乳油1 000~1 500倍稀释液，50%辛硫磷乳剂1 000~1 500倍稀释液，60%双效磷乳剂1 500倍稀释液和80%敌敌畏乳油1 000倍稀释液。生产上应用时要考虑划片分治，分期用药；严格掌握安全间隔期，确保桑蚕安全。

（六）桑象虫

桑象虫属鞘翅目，象虫科。俗称姬象虫、桑象鼻虫等，我国蚕各区均有发生。

1. 为害特点

初孵幼虫钻入表皮下蛀食形成层，致受害处破裂。成虫在春季啃食冬芽和萌发后的嫩蕊或嫩叶，影响发芽率。夏伐后，啃食截口以下的定芽和新梢；严重时把桑芽吃光，使其不能萌发抽枝；成虫在枝条基部蛀孔产卵，致枝条枯死或折断。

2. 形态特征

成虫长椭圆形，黑色有光泽。管状向下弯曲，形如象鼻、触角膝形鞘翅上有10条纵沟、沟间有一列刻点。卵长椭圆形、乳白色、孵化前变灰黄色。幼虫头部咖啡色，胸腹部浅黄色、无足、体常弯曲成新月形。蛹长椭圆形，初乳白色、后变黄褐色。

3. 生物学特性

一年发生1代，以成虫、幼虫或蛹在半截枝枯桩中越冬；越冬成虫陆续从盖有细木丝的蛹穴中穿孔钻出，日夜蛀食桑芽，产卵于皮层仍呈鲜活色泽的活半截枝中；幼虫孵出后，即在皮下蛀食成细道、随后开始化蛹羽化、羽化后成虫当年不爬出，在半截枝上的蛹穴内越冬。成虫生活周期长，喜白天活动取食；阴雨天潜入土表或树缝中，成虫飞翔力差，多在桑树上爬行、有假死性。

4. 防治方法

（1）冬季或早春应彻底修除半枯桩、枯枝，并收集烧毁。该虫发生为害严重地区，应推广齐拳剪伐法、避免留下半枯桩。

（2）夏伐后及时用50%杀螟松乳剂1 000倍液，或用50%甲胺磷乳剂1 000倍液喷杀。

（七）朱砂叶螨和桑始叶螨

桑叶螨种类多、分布广，且常混合发生。常见的有朱砂叶螨和桑始叶螨等，同属蛛形纲、蜱螨目、叶螨科。朱砂叶螨又名红叶螨。

1. 为害特点

朱砂叶螨以幼螨、若螨及成螨群集叶背叶脉间区域吸食叶汁，被害处出现黄褐色斑块；桑始叶螨多在叶背沿叶脉处吸食桑叶汁液，被害处也出现许多变色斑。大发生时，桑园受害严重；桑叶失水萎缩、焦枯，远观一片红褐色、状似火烧。

2. 形态特征

雌成螨背面呈卵圆形，体红色或锈红色；雄成螨背面观略呈菱形、体色呈红色或淡红色，足均4对。体淡黄白色，越冬时呈橙黄色。雌螨椭圆形，后端钝；雄螨纺锤形，背面两侧有暗绿色污斑，足均4对。

3. 生物学特性

朱砂叶螨年发生20代左右。大批以雌成螨在落叶、土隙、树缝及杂草上越冬，少量雄螨也可越冬。次年早春，越冬成螨开始先在杂草上活动取食、产卵，4月下旬始从杂草上迁移至桑树底叶为害。桑始叶螨年发生10代左右，以受精雌螨在落叶、枝干裂隙或土隙中越冬。次年春季桑芽展叶时开始活动，直至 11 月间均可见，以夏秋季发生最盛。

4. 防治方法

（1）农业防治。①摘除有螨叶、集中处理；②早春及夏伐后，及时除草、冬季清除桑园落叶；③及时冬耕、夏锄，直接消除在杂草、土隙和落叶中越冬、越夏的螨类；④避免间作螨类喜食作物，或不间作绿肥等；⑤选栽抗螨桑树品种"桐乡青"、"育 2 号"等；⑥人工强喷水，以冲刷螨类。

（2）保护天敌。防此虫要注意减少化学农药用量，防止杀伤叶螨的天敌。

（3）药剂防治。螨害发生时，可选用 73% 克螨特 3 000 倍液，20% 三氯杀螨醇 1 000 倍液喷洒桑叶。

（八）桑粉虱

属同翅目，粉虱科。别名白虱、桑虱等。分布在全国各蚕区。

1. 为害特点

若虫以其口针和足吸盘固定在桑叶背面吸食桑叶汁，被害叶片出现许多黑色小斑点。严重时枝条上部嫩叶背密布成虫，一片雪白；上中部叶背密布卵、若虫、蛹、蛹壳及少量成虫，下部桑叶则被若虫分泌的蜜露污染。受害桑树新梢停止生长，上部叶皱缩、中部叶叶质硬化，严重影响秋叶产量和质量。

2. 形态特征

成虫雌体长约 1.2mm，雄体 0.8mm。体黄色，上覆白粉。头球形较小。翅乳白色，具 1 条黄色翅脉。卵长 0.2mm，圆锥形、乳白色至浅黄色、近孵化时变为黑褐色带金肩光泽。幼虫体长 0.25mm，扁椭圆形、浅黄色、体表覆有蜡质物，体侧具刚毛，口针端黑褐色。蛹长 0.8mm，扁椭圆形、复眼红色、背部乳白色、背部中央略隆起。

3. 生活习性

年生多代，以蛹在落叶内或粘附于土表、杂草等其他附着物上越冬。成虫具趋嫩习性，成虫喜欢把卵产在新枝、嫩梢叶背，梢端及叶着卵占 98%。每雌平均产卵 30 粒，最多可达 200 粒。初孵幼虫能缓慢自由爬行，经数十分钟至 2 天后在卵壳附近将口针插入桑叶内吸食，固定后不再移动、直至羽化。该虫春、秋两季发生多，为害较重；密植园、苗圃受害重。

4. 防治方法

（1）及时清除桑园和苗圃的落叶，集中深埋或烧毁，可杀灭越冬蛹。

（2）夏季在桑粉虱繁殖盛期及时摘除枝端 1~5 叶可杀死大量卵及幼虫。

（3）桑园内加强通风、透光和排湿，使不利桑粉虱的发生。

（4）药剂防治。成虫发生期喷洒 90% 晶体敌百虫或 40% 乐果乳油、25% 亚胺硫磷乳油、50% 马拉硫磷乳油 1 000 倍液。

（九）桑蟥

桑蟥属鳞翅目，蚕蛾科。俗称白蚕、洋白蚕、松花蚕、蟥虫等。国内主要蚕区均有发生。

1. 为害特点

以幼虫在叶背食害叶肉，蛀食成大小不一的孔洞；严重的只剩叶脉，受害严重时叶片成网状，影响秋蚕饲养。

2. 形态特征

成虫体长 9.5mm，翅展 35~40mm。体翅黄色。胸部、腹部背面具黄褐色毛丛。前翅顶角外突，下方向内凹。卵椭圆形、扁平，大小 0.7mm×0.6mm，非越冬卵块初乳白色、孵化前变为粉红色、卵块上无覆盖物，称之为无盖卵块。越冬卵块上盖有褐色毛，称有盖卵块。末龄幼虫体长 24mm，头棕褐色、胸部乳白色、各体节多皱纹、皱纹间具黑斑、老熟后黑斑消失。蛹乳白色，圆筒形。茧黄色，长椭圆形、丝层疏松。

3. 生活习性

桑蟥的发生有一化性、二化性和三化性，均以有盖卵块在桑树枝干上越冬。成虫喜在白天羽化，把无盖卵块产在叶背、个别产在枝条上。有盖卵多产在桑树主干、支干或一年生枝条上，有盖卵块有卵120~140粒，无盖卵块有卵280~300粒。幼虫喜在上午孵化，初孵幼虫啃食叶肉、后咬食叶片。1、2代幼虫老熟后在叶背结茧化蛹，3代幼虫在枝干上结茧化蛹。

4. 防治方法

（1）加强防疫。严格检疫，防止桑蟥随桑苗和接穗传播扩散。发现带蟥卵的桑苗或穗条，用90%敌百虫1 000倍稀释液浸渍1~2分钟。

（2）冬季或春季刮除树干上的越冬卵块，效果很好。夏秋季及时采摘桑叶，注意杀灭蟥茧。

（3）在各代幼虫盛孵期，及时喷洒80%敌敌畏乳油1 000倍液或90%晶体敌百虫1 500倍液、50%辛硫磷乳油1 000倍液。秋蚕结束后，用20%杀灭菊酯8 000~10 000倍液进行越冬防治。

（十）其他芽叶害虫

1. 桑木虱

（1）为害特点。以若虫吸食桑芽、桑叶汁液，受害桑生长不良，叶片向叶背卷缩呈筒状或耳朵状；严重的组织坏死或出现枯黄斑块，叶背白色蜡丝满布无法喂蚕，桑芽不能萌发。若虫分泌物还可诱发煤病。

（2）防治方法。①桑园四周或附近不要栽植柏树。②春季及时摘除着卵叶，剪除有若虫的枝梢，集中烧毁。③在卵期，若虫期喷洒50%乐果乳油1 000倍液或50%马拉硫磷乳油1 000倍液，兼有杀卵效果。

2. 桑小灰象虫

（1）为害特点。成虫食害桑芽、叶，把叶片吃成缺刻或穿孔，常留有短线状黑色粪便。一般第一代成虫在夏伐后为害桑芽最重，有的把新芽全部吃光、造成桑树迟迟不发芽。

（2）防治方法。①利用成虫喜食地面干瘪桑叶特点，在桑园中撒少量桑叶，隔2~3天收集成虫、集中处理。②受害重的桑园提倡早夏伐，待成虫上树时，芽已长大，可减少损失。③夏伐后喷洒50%杀螟松乳油1 000~1 500倍液隔5~7天防1次，连防2次。

3. 金龟子

（1）为害特点。又名金龟甲、乌壳虫等，幼虫称蛴螬，俗称土白蚕。桑树上主要种类有褐金龟子、铜绿金龟子和黑绒金龟子。以成虫食害桑芽、嫩叶和嫩梢，幼虫在土中食害桑根及其他作物的根。

（2）防治方法。①捕捉成虫。黄昏成虫交尾取食时打落捕杀。②诱杀成虫。将浸泡过药液的榆树及菊科杂草嫩叶晾干后，撒于桑园中可诱杀成虫，其活动高峰期用黑光灯诱杀、效果也很好。③中耕除草，杀死土中幼虫。④药剂防治。成虫盛发期于傍晚喷洒80%敌敌畏1 000倍稀释液或50%辛硫磷乳剂1 000~1 500倍稀释液。

二、枝干害虫

桑天牛

桑天牛属鞘翅目、天牛科。又名黄褐天牛、桑褐天牛。全国各蚕区均有发生。

1. 为害特点

成虫啃食一年生枝条皮层，皮层被啃成环状、枝条即枯死。产卵时在新枝基部咬一个产卵穴，使枝条易被风吹折或枯死。幼虫向下蛀食枝干，隧道内无粪屑；隔一定距离向外蛀 1 通气排粪屑孔，排出大量粪屑、削弱树势。受害轻者使被害桑生长不良，树势衰；重者全株枯死。食性杂，还为害柑橘、苹果、核桃、梨、枣、白杨等树木。

2. 形态特征

成虫体黑褐色，密生暗黄色细绒毛；触角鞭状，触角略比体长；前胸两侧中部各具一刺状突起，背面多横皱；鞘翅基部密布黑色光亮的瘤状突起。卵长茄形、略弯曲、乳白或黄白色。幼虫圆筒形，乳白色、头小隐入前胸内、前胸特大、背板后方密生深棕色小点；其中有 3 对空白尖叶形纹，无足。蛹纺锤形，淡黄白色。

3. 生物学特性

桑天牛大多二年发生 1 代。以一、二年生虫在被害枝蛀道内越冬。成虫羽出后不断咬食一年生枝皮，产卵于直径 10mm 左右的一年生枝基部，留下一长 12~20mm 的"U"形产卵穴。幼虫孵出后沿枝干木质部向下蛀食，每隔 3~7cm 向外咬一圆形排泄孔，孔位置一般不在同一方向。

4. 防治方法

（1）捕捉成虫，刺杀虫卵。

（2）用铁丝或针，插入蛀孔最下端刺杀幼虫。

（3）冬春锯去虫枝。

（4）药剂防治。用天牛毒签或熏杀棒插入最下端的有新鲜天牛粪屑的蛀孔，或用棉花球蘸 80% 敌敌畏乳油 30~50 倍稀释液塞入最下排泄孔，并用泥封口、也可用注射器向孔注药。

（5）保护天敌桑天牛啮小蜂。

第五章 桑蚕生物学特性
与养蚕前准备

蚕前准备是指做好养蚕计划和蚕用物资及消毒防病等方面准备工作。它不仅是一个经营管理的问题，也是一个复杂的技术问题；除直接影响蚕茧的产量和质量外、还影响桑树的生长及蚕室蚕具的利用率，最终影响蚕业经营的综合经济效益。

第一节 桑蚕生物学特性

桑蚕又称家蚕，一种具有很高经济价值的吐丝昆虫。属鳞翅目，蚕蛾科。桑蚕起源于中国，由古代栖息于桑树的原始蚕驯化而来。

一、桑蚕的生活史

蚕的一生中要经过卵、幼虫、蛹、成虫（蛾）四个形态完全不同的发育阶段，这种形态的变化叫做变态。经过以上四种变态的称为完全变态，桑蚕属于完全变态的昆虫。

蚕儿自孵化到结茧，一般经过 4 眠 5 龄。当幼虫生长到一定程度时需脱去旧皮，换上较为宽松的新皮后，才能再度成长，这就是脱皮。脱皮前蚕儿不食不动，称为"眠"。眠是脱皮的准备过程，在此期间形成新皮。刚脱皮的蚕叫"起蚕"。为区分蚕儿的成长时期，常以蚁蚕（刚孵化的幼虫呈黑色，形似蚂蚁，故称"蚁蚕"）开始食叶到 1 眠终称 1 龄，桑蚕一般经过 4 天；从 1

眠起到第 2 眠终称为 2 龄，一般经过 3.5 天；从 2 眠起到 3 眠终称为 3 龄，一般经过 4.5 天；从 3 眠起到 4 眠终称 4 龄，一般经过 6 天；从四眠起到蚕儿吐丝结茧称为 5 龄，经过 6~8 天。幼虫生长到 5 龄末逐渐停止食叶，蚕体收缩，桑蚕还略透明，称为熟蚕，熟蚕寻觅到营茧场所即开始吐丝结茧。

通常将 1~3 龄蚕称为小蚕，4~5 龄蚕称为大蚕。幼虫期的长短，因品种及饲养季节而不同。在标准温度条件下，春蚕和晚秋蚕全龄经过 26~28 天。夏蚕和中秋蚕 20~23 天。蚕儿吐丝结茧后，在茧内脱皮化蛹。从结茧到化蛹需 6 天。化蛹后经过 10~15 天，羽化成蛾。蚕蛾羽化后交配产卵，完成了 1 个世代。

二、蚕的生长发育

蚕儿体重的增加和体积的增大叫生长；而蚕体组织分化、蜕皮、变态与性器官的成熟过程叫做发育。生长和发育相互联系的，生长是发育的基础，发育为进一步生长创造前提；生长中包含着局部的发育过程。桑蚕从孵化到 5 龄生长极度时，体重增长达 8 000~10 000 倍、体长增大 23~27 倍、体幅增大 18~22 倍、体平面积增大 500 倍左右。蚕儿生长很快，因此，加强营养和技术处理十分重要。丝腺随着蚕的发育逐渐增大，但 1~4 龄并不发达，不足蚕体重的 5%。而 5 龄第 3 天后急剧增长到老熟时重量达蚕体重的 40% 以上。因此，注意 5 龄蚕的良叶饱食，促使丝腺充分发达、是获得蚕茧高产的关键。

三、蚕与环境

（一）蚕与气象环境

养蚕气象环境主要是温度、湿度、空气、光线等。其中，温度对蚕的影响是气象环境中最重要的因素。

1. 温度对蚕生长发育的影响

蚕属于变温动物，自身缺乏调节体温的能力，它的体温随着外界温度的高低而变化。因此，温度直接影响蚕的体温，间接影响蚕的各项生理活动的速度。桑蚕幼虫发育良好的温度范围是20~30℃，在这个温度范围内，温度升高，蚕儿血液循环加快、酶活性增强、食下量；消化量增大，生长发育快、体质强健、蚕茧产量高、质量好。20℃以下或30℃以上温度，对蚕的生理有害、及对蚕体健康不利、使龄期延长，影响蚕茧产量和品质。

2. 湿度对蚕生长发育的影响

湿度即空气中含有水分的程度，它直接影响蚕体水分平衡、桑叶的保鲜程度和蚕座卫生，关系到蚕体的健康。干燥时，蚕座卫生状态良好，但给桑后桑叶容易萎凋，使蚕儿陷于营养不良，生长发育延长。相反，多湿时桑叶容易保持新鲜，蚕能充分饱食、蚕的生长发育加快、但往往蚕体肥大，健康度下降。同时病原微生物容易繁殖，使蚕座卫生状况不良，减蚕率增加。生产实践证明，湿度过大或过小、对蚕都不利，特别是高温多湿对蚕危害更大。因此，根据小蚕宜多湿、大蚕宜干燥的生理要求，蚕的饲育正常适宜湿度范围是：小蚕期 90%~80%，大蚕期75%~70%。

3. 空气对蚕生长发育的影响

蚕在饲养过程中需要新鲜空气，从空气中摄取氧气而进行呼吸，以分解有机物和释放能量。桑蚕在室内饲养，从蚕座、桑叶以及养蚕人员呼吸排出的二氧化碳，蚕粪、尿、蚕沙发酵分解产生的氨、吲哚以及加温燃料产生的一氧化碳、二氧化碳、二氧化硫和烟等污浊气体充斥蚕室，减少了空气中氧的相对含量，妨碍蚕的呼吸，且这些不良气体多数对蚕有害。因此，及时进行蚕室的通风换气，排出不良气体、导入新鲜氧气、才有利于蚕体健康和正常生长发育。一般小蚕只要微弱气流，大蚕则需要一定的气流。正常情况下，蚕室内应保持 0.02m/s 的气流。

4. 光线对蚕生长发育的影响

蚕对光线具有一定的敏感性，光线对蚕的生长发育有独特的作用。光线对蚕卵孵化有明显的影响。补催青中，对蚕卵进行黑暗抑制，可促使胚子发育齐一、提高一日孵化率。在收蚁当天早晨感光，可促使蚕卵孵化齐而快；小蚕期光线可减少下伏蚕，促使蚕在上层食叶；老熟时利用光线可促使蚕儿入孔结茧；养蚕上小蚕明大蚕暗蚕体重、全茧量重。因此，生产中合理的利用光线的明暗，可提高蚕茧产量和质量。

（二）蚕与营养环境

养蚕实践证明，桑叶是最适合桑蚕最有营养价值的饲料。因此，柞、桑叶的质和量直接影响柞、桑蚕体质健康和茧丝质量。饲料的质量既随树种、成熟度和叶位而改变，又随栽培条件、整伐方法、管理措施和气象环境不同而有差异。桑蚕用叶的标准：小蚕以质地柔软、水分较多、蛋白质丰富而糖类适量为宜；大蚕用叶以水分适量、蛋白质和糖类较多者为宜。生产上，通常以叶色、叶位和手触作为鉴别采选适熟叶的主要依据。同时参看给桑后蚕儿对桑叶啮食情况和桑叶含水率进行综合判断。生产上应尽量避免产生和使用不良叶，以减轻对蚕的危害。

第二节　制订养蚕计划

一、全年养蚕的次数

增加养蚕次数是提高桑叶、房屋和劳力使用效率有效途径。但是，桑叶利用必须以不影响桑树正常生长为前提，养蚕前又必须有充裕的消毒和准备时间。如果不恰当地增加养蚕次数，会导致采叶过度、桑树衰败、蚕期重叠、蚕病暴发、收成不稳。因此，确定养蚕次数应考虑当地气候特点，从合理用叶、养蚕安全无病和提高茧丝质量出发，合理安排。

我国蚕区辽阔，生态条件差异较大。自北向南全年养蚕次数，随着桑树生长期的延长而增加。华北地区无霜期短，从 5 月到 9 月一年可养蚕 2 或 3 次，长江流域蚕区自 4 月下旬或 5 月上旬开始至 10 月中下旬，一年可养蚕 4 次或 5 次，华南珠江流域从 3 月到 11 月，桑树都能生长，一年可以养蚕 8 次左右。

二、各期蚕饲育适期、数量与蚕品种

1. 全年养蚕次数及比例

根据河南省气候特点及桑树和蚕的生长发育要求，全年一般养春、夏、中秋、晚秋 4 期蚕比较适宜。以全年养蚕量计算，各期蚕的养量比例大致是春蚕占 40%、夏蚕占 10%、中秋蚕占 30%、晚秋蚕占 20%。

2. 各期蚕饲育适期

春蚕 4 月底至 5 月初收蚁，5 月下旬（麦收前）结束；夏蚕 6 月下旬至 7 月初收蚁，7 月下旬结束；中秋蚕 8 月 15 日左右收蚁，9 月上中旬结束；晚秋蚕 9 月中下旬收蚁，10 月中下旬结束。

3. 选养优良蚕品种

春蚕和晚秋蚕要选养春蕾×镇珠、青松×皓月、苏镇×春光、871×872、华康 3 号等茧丝质好的多丝量品种；夏蚕和中秋蚕选养华康 2 号、苏菊×明虎、豫花×湘明等抗高温体质强健品种。

第三节 蚕用物资准备与人力安排

一、蚕室及附属设施准备

蚕室及附属设施包括大蚕室、小蚕室、贮桑室、上蔟室和蚕沙池等。尽量专室专用，否则，会引起消毒防病困难，甚至引起蚕病暴发、导致大批死蚕。

（一）大、小蚕室及上蔟室

必须实行大小蚕室专用，不能大、小蚕同室共养。

1. 小蚕室

小蚕室指用于饲养 1～3 龄蚕的蚕室。小蚕室宜设在大蚕室的上风位置，要尽量远离大蚕室（或大棚），这样可避免大蚕发病而直接把病菌传染给小蚕，小蚕室应选择易彻底消毒。由于小蚕需要高温多湿的环境，所以要求小蚕室具有较好的保温保湿性能。养蚕生产上，条件好的农户建有小蚕专用蚕室，条件不允许的农户则用塑料薄膜等从原有住房中围出一小间作为小蚕室。可以利用电加温补湿设备和空调进行温湿度调节。每张蚕种需小蚕室 5m² 左右。

2. 大蚕室

大蚕室（棚）指用于饲养 4～5 龄蚕的蚕室。大蚕室要求通风透气性能好，蚕室要求地面平整、洁净、前后有对流窗，最好开地脚窗、堵好洞穴、防止老鼠、门窗要装好纱窗防苍蝇、地脚窗装好铁丝网防老鼠。瓦房和水泥房均可，一层的水泥房天热时在楼面搭 1m 高隔热层（禾草、玉米秆等均可）。如因蚕房不够（或没有蚕室），可因陋就简新建或利用闲屋改建。新建蚕室要求选地势高，干燥通风的地方，蚕房以座北向南稍偏西为好。要注意在蚕房周围植树、遮荫，或者在西南面搭凉棚降温。如果没有房屋，可搭建简易或永久大棚饲养大蚕，具体办法后面再介绍。每张种所占面积如地面育需 35～40m²、如蚕台育需 20m²。

3. 上蔟室

上蔟室指用于家蚕上蔟的蚕室，要求通风排湿性能好、光线均匀。不能专用的，可以与大蚕室（棚）套用。应注意方格蔟室外预挂的地方应及时清理病死蚕和蚕粪尿，做好消毒工作，以免被践踏而把病菌带入蚕室。上蔟室面积与大蚕室相当即可。

(二) 贮桑室

贮桑室为贮备桑叶的场所，尽量设专用贮桑室。禁止在蚕室(棚) 内堆放桑叶，贮桑室不宜用来养蚕和上蔟。专用贮桑室则采用地下室或半地下室，兼用贮桑室则选择水泥地面、无直射光的小间。贮桑室要求低温多湿、光线较暗、邻近蚕室，便于清洗消毒和保持桑叶新鲜，地面要经常保持洁净、卫生，进行消毒、清洗，严防病菌污染桑叶。每张种所需贮桑室面积 $10m^2$。

(三) 蚕沙池

蚕沙必须妥善处理，经密闭充分发酵后方可作其他用。但我省蚕区普遍存在蚕沙乱堆乱放的问题，养蚕环境污染严重，导致蚕病大暴发。蚕沙池要设在离蚕室 (棚) 较远的地方，不要设在路边和蚕房上风位置。可以挖坑或用水泥和砖砌成，每张种需蚕沙池 $2m^3$。

(四) 消毒池

为便于彻底消毒，应建专用消毒池，长宽深规格为 $1.5m \times 0.3m \times 1.2m$，用于浸渍消毒蚕匾、架子、竹竿等蚕具，能浸渍均匀，效果很好。

二、蚕具与药物的准备

(一) 蚕具的准备

养蚕所需的用具统称为蚕具。蚕具种类很多，按用途可分为以下几类。①消毒用具：喷雾器、水桶 (或缸)、皮管、消毒锅、扫帚等。②收蚁用具：蚕筷、鹅毛、收蚁纸 (或网) 等。③饲育用具：蚕匾、蚕架、给桑架、蚕网、塑料薄膜、防干纸、干湿温度计、切桑刀、切桑板、秤、除沙筐等。④采桑、贮桑用具：采桑箩、桑剪、贮桑缸、气笼、盖桑布等。⑤上蔟用具：蔟具 (方格蔟或折蔟或娱蚣蔟等)、芦帘、蔟架等。蚕具制作可因地制宜，但在用材结构上要求适合蚕的生理卫生，便于清洗消毒；且取材容易，制作简单、价廉物美、有些还能与日常生活和生产用具兼用；坚实耐用，使用轻便；便于搬运、收藏及保管。

饲养一张蚕种需要如下蚕具：长 2m×宽 1m（只使用蚕床）蚕床 20 个（只使用蚕床）或长 1.1m×宽 0.8m 的蚕箔 40～50 个（只用蚕箔），梯形架 3 个，长 4～5m 的竹竿 20～30 根，小蚕网 10～20 只、大蚕网 80～100 只、长 1m，宽 0.8m 的聚乙烯薄膜 8 张、给桑架 2 只、每片蔟 156 孔方格蔟 200 片（只使用该蔟）、温湿计 2 支、给叶箩 2 个、切桑刀 1 把、切桑板 1 块、加温用煤炉 1 个或加温补湿器 1 台、水桶（或缸）2 个，消毒用和打药用喷雾器各 1 台。另外，备好蚕筷、鹅毛、刷子、扫把、补湿盆、补湿布、收蚁纸（或网）等物资。

（二）消毒防病药物的准备

漂白粉（含有效氯 25% 以上）1.5kg，石灰（生石灰）20kg、硫黄 1～1.5kg、糠壳（烧焦糠和制"三七糠"）15～20kg、大、小蚕防病一号各 1 包，灭蚕蝇 2 盒。

三、桑叶的准备

养蚕前要做好桑叶产量的估测工作，做到"以叶定种，叶种平衡"，在充分利用桑叶而又不影响桑树生理的前提下，提高亩桑产茧量。桑叶的估产应根据桑树品种、树龄、栽植形式、肥培管理、气候条件、用叶时间及历年产叶量等因素综合分析。用叶量的多少，因饲养季节、蚕品种、饲养条件和饲育技术不同而有差异。春季每张蚕种一般需用叶 650～700kg（芽叶）；夏秋季每张蚕种一般需用叶 450～550kg（片叶）。

四、劳动力安排

养蚕所需安排的劳动力，因饲养员技术水平、饲养方式，饲养季节等不同而不同。稚蚕防干育、壮蚕普通育，则熟练饲养员每人可负担的养蚕量一般为：1~2 龄蚕期 4~5 张，3 龄蚕期 3 张，4 龄蚕期 2~2.5 张，5 龄蚕期 1~1.5 张，这其中 3~5 龄蚕期不包括采叶。目前推广的大蚕省力化养殖，大蚕期不除沙、只给桑叶，找人打桑叶，一个壮劳动力可以负担 7~10 张蚕种。

第四节　做好养蚕前消毒工作

病蚕的粪便、尸体、脓汁及其污染的蚕室、蚕具及周围环境会留下大量的病原，由于人的活动和风吹等，会随灰尘飞扬再飘落到蚕座上造成蚕座感染，同时有些病原在自然条件下可存活 3~5 年，因此，在养蚕前要认真做好蚕室、蚕具及周围环境的消毒工作，以防止蚕病发生，保证蚕茧高产优质。

一、蚕前消毒程序

蚕前消毒是指采用各种物理方法或化学药剂，有效地杀灭和减少环境中存在的病原，达到预防蚕病发生的工作过程。蚕前消毒在养蚕 7 天前进行。消毒步骤为：

（1）扫。将蚕具搬出蚕室，仔细清扫蚕室及其周围环境。

（2）洗。认真刷洗蚕具并暴晒，冲洗蚕室地面墙壁及周围环境。

（3）刮。刮去蚕室及周围环境泥土地面的 1~2cm 表土，垫上干净新土。

（4）刷。用 20% 的石灰浆粉刷蚕室及内外墙壁。

（5）蒸。将蚕具放进消毒灶进行蒸汽消毒。

（6）消。选择不同蚕药消毒液对蚕室蚕具进行喷洒、浸泡消毒。

（7）熏。将养蚕用具、用品放进蚕室，用硫黄、毒消散等熏烟剂消毒。

二、消毒方法及药剂选择

（一）消毒方法

（1）蒸汽消毒。将蚕具放入蒸汽灶内用高温蒸汽杀灭病原菌的消毒方法。灶内温度100℃，保持1小时以上。

（2）煮沸消毒。把洗干净的小蚕用具（蚕网、蚕筷、盖叶布等）放入沸水中煮沸的消毒方式。煮沸30分钟以上。鹅毛放在上面利用蒸气消毒。

（3）日光消毒。将洗净的蚕具，在日光下曝晒来达到消毒目的。日光消毒是一种辅助消毒方法。

（4）药剂消毒。用消毒药剂喷洒、浸渍或熏烟来达到杀灭病原菌的消毒方式。药剂消毒是养蚕中主要的消毒方法。

（二）消毒药物的配制和使用方法

1. 漂白粉

白色粉末，价格低廉。化学名称次氯酸钙，含有效氯25%左右。对各种病原体均有杀灭作用。蚕室蚕具消毒用含有效氯1%的漂白粉液。缺点药效不稳，易失效，腐蚀性强。①配制方法。1%有效氯浓度用1kg漂白粉对水24kg。配制时，将漂白粉放在盆中；先加入少量水调成糊状，再倒入消毒缸或桶中加足水量，充分搅拌；然后把缸盖上，静放1~2小时，取上部澄清液使用。蚕室蚕具消毒使用1%有效氯漂白粉药液，每平方米用量为225mL。一般进深7m×宽4m×高3.3m的蚕室一间需用对好的漂白粉药液25~30kg，100只蚕箔喷雾消毒需用药25~30kg。蚕匾、架子、竹竿及塑料蚕蔟可以在消毒池里浸渍消毒。②漂白粉药液在消毒前1~2小时配好，现配现用、当天用完；蚕房蚕具消毒宜选在阴天或早、晚时间进行，消毒后应保持半小时的湿润状态。

2. 消特灵

浙江农大研制的高效型蚕用消毒剂，对各种病原体有效。用于蚕室蚕具消毒，消毒效果与漂白粉相当，但比漂白粉稳定、不易失效。消特灵配制办法是先将主剂搞碎用少量水搅成糊状再倒入 25kg 水，后加入辅剂稍搅拌澄清 15 分钟即可使用。

3. 石灰

以新鲜块状石灰化成粉后使用效果最佳，对病毒病效果较好。用于蚕室、蚕具消毒，常用浓度有 1%~2% 或 20% 两种。1%~2% 石灰浆是用 1~2kg 新鲜石灰粉对水 100kg，搅拌均匀即成。农村每间蚕室需用 1%~2% 石灰浆 25~30kg，50 只蚕箔喷雾消毒需用药液 25~30kg。20% 石灰浆是用 10kg 新鲜石灰粉对水 50kg，混合均匀即成。用来粉刷墙壁。石灰浆消毒时应注意所用石灰粉要新鲜，最好是在使用时用生石灰现化现用；消毒时，必须一边消毒、一边搅拌，防止石灰下沉；消毒后要保持半小时湿润状态。

4. 硫黄

硫黄熏烟，可以彻底消灭真菌病原体。蚕室、蚕具熏烟消毒时，每间蚕室需要硫黄 0.5kg。消毒时，将硫黄放在铁锅中、用火炉加热、使硫黄化为液体；然后将几块燃红的木炭丢在锅中，使硫黄燃烧发烟，人立即离去；关闭门窗，一天一夜后再打开门窗，等硫黄味消失后就可养蚕。消毒时应注意，必须先对蚕室蚕具进行充分补湿；蚕具不要堆得太高，注意防火。

（三）消毒要求

1. 蚕室消毒

先把蚕室里的蚕具搬出，将蚕室地面、四壁、天花板、门窗的灰尘扫干净，是水泥地面的要用水将地面冲洗干净；如果是泥土地面，要刮去土表面半寸以上污泥，换上干净新土；然后整平夯紧，堵塞老鼠洞；蚕室四周、阶檐也要打扫干净，清除四周杂草、理通水沟、排除污水、蚕室外堆放过蚕沙的地方也刮去半寸表土。清理出的垃圾和刮出的污泥要运到远离蚕室的地方作堆肥，不能乱倒。蚕室打扫后，要做到无死蚕、无蚕沙、无灰尘，里里外外都干干净净。然后再进行药物消毒，用1%有效氯漂白粉药液（标准浓度消特灵液）或1%~2%的石灰浆在屋顶天花板、四壁、地面进行喷雾消毒三次，每次相隔一天左右，都要喷到开始滴水为止。喷雾消毒后，再用20%的石灰浆刷白四壁和天花板，泥土地面则要撒上石灰粉，一般进深7m×宽4m的蚕室地面要撒5~7.5kg石灰粉。蚕室外壁、道路、阶檐、水沟也要用药液消毒。

2. 蚕具消毒

蚕箔、蚕架、蚕杆等蚕具从蚕室搬出来后，浸泡在水中，用刷子刷掉蚕具上的死蚕、污迹，洗刷干净后，在太阳下暴晒。然后放入消毒池中，用1%有效氯漂白粉药液（标准浓度消特灵液）或1%~2%石灰浆各浸泡30分钟以上。再取出，滴去水滴，搬入已消毒的蚕室中阴干。如果没有消毒池，蚕箔、蚕架、蚕杆也可以用喷雾器喷洒药液消毒，喷至蚕具滴水为宜，消毒后也要放入蚕室阴干。蚕网不能用漂白粉和石灰水消毒，可先在清水中洗干净后，放入锅中煮30分钟、然后取出晒干即可使用。蚕具搬入蚕室后，用硫黄进行一次熏烟消毒。蚕前消毒应在领种前三天完成。

（四）注意事项

对症用药，配准浓度，药量充足。液体药剂要喷洒均匀，喷药后要保持湿润半小时以上。气体消毒门窗要密闭，蚕室蚕具要喷湿。应保持100℃，蒸汽消毒1小时以上，煮沸消毒要沸水煮30分钟以上。蚕室蚕具要同时进行全面消毒，消毒好后封存备用。推行以自然村为单位，统一时间、统一技术指导进行消毒。

第六章　养蚕技术

第一节　催　青

　　蚕卵经浸酸或一定温度冷藏处理人工活化后保护在人为控制的适合环境条件下，使蚕卵胚胎顺利发育至孵化，这种人为控制蚕卵发育的方法，称为催青。蚕种催青是一项时间紧、技术性很强的工作，加上蚕农对蚕种孵化率的要求越来越高，更增添了催青工作的难度。因此，必须严格掌握催青技术标准，采取灵活应变措施，合理调节发育进度；准确掌握各批蚕种的见点时间，适时分发蚕种，才能保证催青质量，满足蚕农需要。

一、催青目的

　　活化后的蚕卵虽然在自然条件下也能发育孵化，但自然条件下，由于温湿度不恒定，所以不能控制在适当的时期收蚁，且会致蚕卵孵化不齐，孵化出的蚁蚕体虚弱，蚕茧产量低、质量差。通过催青工作，可以保证蚕卵在预定日期整齐孵化，并促使蚁体强健，为获得蚕茧的优质高产打下重要基础。

二、催青准备

　　目前各地都已全面普及推广共同催青。共同催青主要以县为单位，把全县蚕种集中在一个催青室进行催青，这样可以节省人力、物力，又便于贯彻技术措施，保证催青质量。

（一）催青的组织、人员及物资准备

通常催青1万张蚕种需要配备催青人员 8～10 人，催青人员要有一定的催青工作经验，人员应相对稳定，并明确一位催青经验丰富、责任感强的技术人员担任催青技术总指导。催青技术人员须能正确判定蚕种各个发育时期的胚胎形态，能保证各阶段蚕种胚胎顺利发育的温度、湿度、光照等环境保护要求，掌握蚕种胚胎解剖方法及决定温度、湿度和感光调节等技术。催青期间所需的各种物资（蚕架、竹竿、蚕匾、操作台、酒精灯、烧杯、显微镜、二重皿、氢氧化钾、酒精等）必须提前备齐，并做好加温、补湿、感光及解剖观察等相关设备的检修工作，确保各项工作都能正常开展。

（二）催青室的准备

1. 催青室的环境条件要求

蚕种（卵）、蚁蚕对不良气体和有害物质很敏感。蚕种接触易引起孵化不齐或不孵化；蚁蚕接触易影响体质，甚至使其死亡。因此，催青室应选择在交通方便、水电充足、四周空旷的地方，周围无废气及有害物污染、环境洁净、空气清新。在布置催青室时，要注意室内是否有或曾经堆放过农药、化工产品等有害物质。

2. 催青室的内部构造要求

催青室的房屋构造上要求能保温、保湿，少受外界环境气候变化的影响，并且要便于通风换气和采光。催青室屋顶上要设灰幔，南北开窗，最好有内外走廊，出人口要避免与外界直接相通。催青室的大小根据蚕种数量而定。1 间进深 8m、开间 4m、高 3.4m 左右的催青室，可容纳 8 000～10 000 张蚕种。催青室条件准许应设置温湿度控制室、蚕种解剖室、配备催青用具与物品储藏室等。

3. 催青室的消毒

消毒前先对催青室和周围环境进行打扫后，对室内外及能消毒的催青用具都应进行全面消毒。常用的消毒药剂主要有漂白粉、消特灵、消毒净、新鲜石灰乳等。常用的方法有喷雾消毒、浸渍消毒和熏烟消毒等。根据不同对象选择适当的消毒方法，也可多种方法配合进行。应注意严格按照各种化学药剂的使用标准进行消毒，同时室内化学药剂消毒必须在催青前 10 天完成，并在催青前通过升温开窗，充分排出消毒药剂残留的气味和其他有毒异味。

(三) 催青日期的确定

适时催青可使桑叶的成熟度与蚕的生长发育相适应，从而使各龄蚕都能吃到成熟度相当的桑叶，确保蚕的生长发育良好，能充分发挥蚕的经济性状。适时催青有利于桑叶的充分利用，确保桑树的正常生长，提高桑叶产量和质量。并能有效避免不良自然气候和病虫害对养蚕生产的影响，也便于劳动力的调度。

蚕种催青的适期是根据桑树发育状况，同时结合当地历年出库日期和当年春蚕期气象趋势预报等综合因素确定。河南省春蚕豫北地区一般在 4 月中下旬出库催青，豫西南一般在 4 月中旬，以乔木桑呈雀口状，湖桑开展 2~3 叶为适期。夏蚕一般在 6 月 20 日左右、中秋蚕在 8 月上旬、晚秋蚕在 9 月上旬出库为宜，豫北地区中秋蚕、晚秋蚕稍提前为宜。总之，如何掌握催青适期，必须因地制宜、灵活掌握。

(四) 蚕种出库及运输

用种单位按照"量桑养蚕、叶种平衡"的原则，根据当地的气候及桑叶生长状况，确定蚕种出库日期和数量，提前 3 天通知供种单位。领种前必须准备好催青室和蚕具。蚕种运输需用的包装箱、器具由供种单位按不同包装数量统一制作，严格消毒。领种单位必须提前做好运输途中防晒、防雨用的黑布和塑料薄膜，并严格消毒。领种时要求在蚕种冷库点清出库蚕品种、批次及数量。

蚕种必须派专人专车领运，并提前严格消毒。春种在出外库保护一天后可以白天运输，防止 20℃（68℉）以上的温度，秋种在蚕种浸酸后第 4 天内早、晚或夜间运输，避免反转期前后运送。蚕种在运输途中，应通风换气、防热、防闷，不得用塑料薄膜紧密包扎，以防蒸热发生造成死卵。蚕种包装用通气的竹木筐或纸箱，散卵盒平放。蚕种在运输、催青保护和发种过程中，应防晒、雨淋、受闷、受压、摩擦振动，不得接触有强烈气味的物品和化肥、农药、油类等。

三、蚕种催青

（一）催青日数的确定

根据蚕品种催青所需积温的不同，在 9—11 日的范围内确定，并根据确定的日数调节每日催青温度（现行蚕品种的积温为：青松×皓月 140~150℃，浙蕾×春晓 125~140℃，春雷×镇珠 120~125℃），按胚子发育情况确定催青时间。

（二）蚕种到达后的处理

对将要催青的所有蚕种，以制种批为单位取蚕种卵样品进行解剖，掌握胚胎发育过程，以确定催青所用的温度。然后将蚕种插进催青框（或蚕箔），插好后放到催青架上，每只催青架上都应标明制种场名、制种期、品种名称及批次或标上代号，按照两段式催青标准进行。

四、蚕种发放

春期有 98% 以上蚕种达到己$_5$胚胎，夏秋期有 95% 左右的蚕种到达己$_5$胚胎时发种为宜。路途较近的宜偏迟，路途较远的宜偏早；温度低时宜偏迟，温度高时宜偏早。发种应在早晨或傍晚进行，运种的工具要清洗消毒，严禁携带异味或有毒物品。蚕种应平放，不可堆压过高，防止雨淋、日晒、高温和剧烈震动，用蚕种箱、竹筐或其他纸箱，避光包装发送。蚕种领回后应及时分发放进小蚕饲育室或小蚕共育室。

五、延迟收蚁

催青开始后如遇气温突变、温度下降、桑叶生长缓慢或霜害等特殊情况，必须延迟收蚁，可根据胚子发育程度采取适当的应急措施。在催青初期或己$_5$胚胎，采取降低催青温度，减慢胚胎发育速度的措施；或降低蚁蚕保护温度的方法，延迟收蚁。催青初期至丁$_2$胚胎用温度5℃，相对湿度75%（干湿差1.5℃）保护，可抑制胚胎发育15日左右，或用12℃保护3日，可使发种延迟2日；如催青蚕种胚胎发育已超过丁$_2$阶段，则按原计划继续升温催青，待全部胚胎到达己$_5$阶段并略有苗蚁时，用温度为5℃，相对湿度不低于75%（干湿差1~1.5℃）保护，时间不超过7日。在低温保护前后，需经过5~6h的中间过渡温度；蚕种已孵化，则可用降低蚁蚕保护温度的方法延迟收蚁，蚁蚕保护温度在15.5℃，保护时间不超过2日；温度在10℃，保护时间不超过3日。

六、补催青

蚕种从催青室领回到小蚕室后，继续进行合理的温湿度保护及遮黑直至孵化，叫做补催青。目前生产上一般是将蚕种催青至转青卵发种。蚕卵转青后对不良环境的抵抗力减弱，如果处理不当会造成蚕卵孵化不齐甚至增加死卵，因此，蚕农把蚕种领到蚕室后要继续保护在一定的温湿度进行补催青，才能确保蚕种正常发育，孵化齐一。具体做法如下。

（一）预处理

补催青室一般利用小蚕饲养室，必须具有良好的调节温湿度的设备和条件，并能保持温湿度稳定和遮光。补催青场所及用具应在蚕种到达 3~5 天前做好消毒，补催青的蚕室应在蚕种到达前 1 天进行升温补湿。蚕种到达当日将温度调至 21℃，相对湿度 80%（干湿差 2℃），并将门窗用黑布或棉被严格遮黑。领到蚕种立即入室，并随即升温补湿，每小时升温 1℃，逐渐达到 24℃，干湿差 1.5℃。

（二）黑暗保护

为使蚕种孵化齐一，提高实用孵化率，同时要对蚕种进行黑暗处理。黑暗处理时间的长短要视胚子发育情况而定。发种当日胚子全部转青，蚕种入室后立即装收蚁袋，于下午 6 时进行黑暗保护。共育室一般用黑暗箱进行黑暗保护，如果分散养蚕户少，可在蚕匾内铺 2~3 层黑布，上放收蚁袋（若需摞放，只限 2 层。并且层与层间摆放麦秸或筷子，以利通气）。再用相应大小的盆扣严，黑布上折把盆包严。没有收蚁袋的可以将蚕种倒在铺有黑纸红纸的蚕箔内，每盒蚕种摊卵面积约 30cm×35cm，用鹅毛均匀摊平，然后在卵面上覆盖 1 只与摊卵面积相仿的压卵网（小蚕网），再盖白纸，在蚕匾上覆盖 1 只蚕匾，上面覆盖湿黑布进行黑暗保种（注意防止有水滴）。如果室内温度难以保证，可把蚕匾放在盛大半盆水（水温 25.5℃）的水盆上。以上所用物品均要消毒。到第 3 日 5:00 感光，黑暗时间 36 小时。室内的温湿度应控制为蚕种入室当日 18:00 降温，保持 23~24℃、干湿差 1.5℃。第 2 日 18:00 再升温，保持 25.5℃、干湿差 1.5℃。

如果蚕种发育不齐，转青、点青胚子都有，也要当天下午 6 时进行黑暗保护，要到第 4 日 17:00 感光，黑暗时间为 60 小时，一次收蚁成功。蚕室温湿度应控制为第 2 日 6:00 降温，保持

23~24℃、干湿差1.5℃，第3日18∶00再升温，保持25.5℃、干湿差1.5℃。蚕种在黑暗中，要绝对避光，不能让蚕种见到一丝光亮。否则，会使发育早的蚕种见光孵化，造成饿蚕、诱发蚕病。

第二节 收　蚁

将孵化后的蚁蚕，用适当的方法收集到蚕匾里开始饲养，这一操作过程称为收蚁。收蚁是饲养工作的开始，处理好坏将直接影响蚕茧产量及以后的饲养技术处理。收蚁工作技术要求严格，工作集中，时间性比较强，事先必须做好充分准备，否则容易造成蚁蚕体质虚弱，给以后的技术处理造成不必要的麻烦。

一、收蚁的准备

收蚁时间短、工序多、任务紧，所有用具物品事先均须准备齐全，参加收蚁的人员应进行分工，对引蚁、调桑、给桑、调节温湿度等都要有人负责，使收蚁工作紧张而有序地进行。

（一）备齐收蚁用品

收蚁用具主要有蚕匾、蚕座纸、蚕筷、鹅毛或鸡毛、收蚁纸或收蚁网、塑料膜、采桑箩、切桑刀、切桑板、焦糠、小蚕防病1号或石灰粉等，蚕匾上垫好蚕座纸（或聚乙烯薄膜），各匾分置蚕筷、鹅毛等备用。这些用具事先都必须经过清洗和严格消毒。

（二）收蚁用叶的准备

要及时做好收蚁用叶与收蚁当日用叶准备。蚁蚕口器比较嫩，容易损伤，因此要慎重选择好收蚁当日用桑叶。收蚁当日用桑叶的标准是含水率在78%~80%，适熟偏嫩，叶色黄中带绿，叶面略皱，桑叶展平，稍有光泽。一般春蚕采新梢上第2叶（最大叶上 1 叶）；夏蚕采春伐桑第 2 或 3 叶，或夏伐桑新梢下部叶；秋蚕采枝条顶端第 2 或 3 叶位（在最大叶上一叶）的桑叶作为收蚁用桑叶。在收蚁当天早上或头天下午 6 时后采集，采叶量为蚁量的 20 倍。采回的桑叶要选出虫口叶、老叶等不良叶，用消过毒的粗白布擦干净桑叶表面的水分及灰尘。收蚁时，按蚁量 5 倍将桑叶切成蚕体长 2 倍见方的小方块备用。

（三）蚕室温、湿度调节

收蚁前应调节好室内温湿度，为了防止蚁蚕四处爬散，消耗体力，避免收蚁处理的麻烦。收蚁时宜将温度调到 24℃（75℉）、干湿差调为 2.2℃（4℉）。待收蚁结束后，再将温湿度升至一龄蚕饲养的目的温湿度，即温度 27℃（81℉），干湿差1.7℃（3℉）。

（四）蚕种感光

蚕种感光，即在预定收蚁日 5∶00—6∶00，揭开覆盖在蚕种上的黑布或蚕匾，感光前应扫去苗蚁，把收蚁袋的白绵纸面朝上，一袋一袋地平放在蚕匾内；没有收蚁袋的散卵也要揭开覆盖物，先要动作轻快把散卵盒装的卵粒倒入铺有白纸的蚕匾中，待全部倒出，再将卵粒单个均匀铺平，每张蚕种摊成 33cm 见方的面积，然后盖上收蚁网，以防卵粒滚动，待蚕卵感光孵化。蚕种与灯光的距离，100W 的灯泡与蚕种斜视距离 1.5m，60W 的灯泡斜视距离 1m。在光照下，蚁蚕会争相破卵而出。为使蚁蚕迅速爬到绵纸上，于早 6 时在收蚁袋白绵纸上稀稀地撒少量碎桑叶。通过以上技术处理，蚁蚕孵化齐一，小蚕发育整齐，蚕体健康好养。

（五）收蚁时间

蚁蚕孵化后，经 1 小时左右，开始发生食欲，爬行寻食。夏秋期天亮早，温度高，孵化偏早，春期和晚秋期稍迟。通常情况下在盛孵化后 2~3 小时就可收蚁，收蚁工作最好在当日 10∶00 前结束，有利于控制日眠。一般春季 8:00 前后开始，夏季因气温高，以 7:00 左右开始收蚁为好。收蚁前后不超过 1.5 小时。要适时，过早收蚁批次多，蚕儿不齐；过迟蚁蚕体力消耗大，体质下降。

二、收蚁方法

当前生产上对散卵种主要有散卵平附收蚁袋收蚁法和网收法。

（一）散卵平附收蚁袋收蚁法

该法具有收蚁不撒卵、不丢卵、不逸散损失蚁蚕，能提高保苗率、增加收茧量、简化收蚁工序、缩短收蚁时间等优点。其方法如下。

（1）蚕种催青至点青卵或转青卵时发种。将平附收蚁袋跟随蚕种同时发到农民手中。蚕种数量不多时，可在催青室中将蚕种装袋。

（2）黑暗处理前将蚕卵沿收蚁袋装卵口（在顶端一侧），慢慢倒入收蚁袋内，再用蚕筷光滑一端滑压封口，将收蚁袋边缘胶带压实密封，然后两手端平轻轻摇匀，听无蚕卵滚动响声时，即为蚕卵已全部黏附在收蚁袋的黑底纸上，随即将收蚁袋黑面朝上放入蚕匾内或悬挂于共育室内，进行黑暗（遮光）处理。

（3）收蚁当天早晨，将收蚁袋白面朝上进行感光。

（4）收蚁时，将切好的桑叶，稀撒在收蚁袋白纸上，停 15 分钟后，把引桑倒掉，揭袋时先用毛笔沾水涂在胶带上或用清洁海绵或布头滋润四周黑线，湿润后即可揭开绵纸，轻轻揭开棉纸上四周粘合处，取下带蚁蚕的棉纸，把带蚕的一面朝上平放于另一只铺有薄膜的蚕匾中，随即用小蚕防病 1 号或 2% 有效氯漂白粉防僵粉或新鲜石灰粉进行蚁体消毒 3~5 分钟，再给第一次桑，第二次给桑前先整理蚕座，再给第二次桑，然后再定座等。如果黏附蚕卵的黑面纸上剩有蚕时，可用桑叶将蚕引下收回。蚕卵发育不齐，一日收不完时，可在原收蚁袋黑纸上再附一张棉纸或稿纸沿四周压封，进行黑暗保护，待第 2 天采用同样方法收蚁。

（二）网收法

散卵适用此法。收蚁时，先用小蚕防病 1 号或 2% 有效氯漂白粉防僵粉或新鲜石灰粉进行蚁体消毒 3~5 分钟，在原来压卵网上再盖一只 1 分目的蚕网，将蚕网覆罩在蚁座上，然后网上稀撒 1 层比网孔稍大（大小为蚁蚕体长的 1.5 倍见方）的小方块桑叶（除去小于网孔的屑桑），经 15~20 分钟，蚁蚕爬上蚕网，然后把上面的一只蚕网提到另一只铺好塑料膜和蚕座纸的蚕匾内，即可整理定座，一般定座面积为长 40cm、宽 33cm，即一张种为 0.13m²，给桑，盖上塑料膜，给桑 2~3 次后去网、定座。未孵化的蚕卵吹去空壳，合并包种黑暗保护，进行补催青，待第二天再行收蚁，分批饲养。

第三节　小蚕饲养

1~3 龄蚕称小蚕（也叫稚蚕），是充实体质的重要时期，是整个蚕期的基础。俗语说："养好小蚕一半收"，即小蚕养得好，体质强健，就能增强蚕儿对不良环境和各种病原的抵抗力，大蚕期则少发病或不发病，对蚕茧的稳产高产非常有利。因此，必须重视小蚕饲养。

一、小蚕主要生理特征

（一）小蚕生长发育快

小蚕的生长速度比大蚕快得多，特别是第 1 龄生长最快。就体重而言，1 龄增长 16 倍，2、3 龄各增加 6 倍，4、5 龄分别增加 4~5 倍。因此，小蚕对桑叶质量要求很高，需要含水分较多、蛋白质丰富、碳水化合物适量且老嫩一致的适熟桑叶，才能满足小蚕迅速成长的营养需要。同时，小蚕发育经过快，蚕体增加倍数大，还要要及时匀座和扩座，避免食桑不足。

（二）小蚕对高温多湿及二氧化碳适应性强

小蚕与大蚕相比，单位体重的体表面积大，散热面积也相对大，易使体温下降；小蚕皮肤的腊质层薄，气门对体躯的比率大，蚕体水分容易发散。所以生产上采用塑料薄膜覆盖，让蚕儿在较高的温湿度环境下饲育，可使蚕儿食桑活泼，发育齐一，蚕体强健，茧质优良。

（三）小蚕对病原微生物及有害物的抵抗力弱

蚕龄越小，对病原及有毒气体和农药的抵抗力越弱。如对病毒病的抵抗力，若以 1 龄为 1，则 2 龄为 1.5 倍，3 龄为 3 倍，4 龄为 13 倍，5 龄为 10 000~12 000倍，小蚕期感染很易导致大蚕期病害爆发。因此，一定要避免小蚕接触有害物质和加强对小蚕期蚕室、用具及蚕座的消毒防病工作。在生产要认真贯彻"三专一远"即专用小蚕室、专用蚕具、专人负责，远离易受病原和有害物污染的场所的养蚕方针。

（四）小蚕移动范围小，对桑叶感知距离短，且有趋光性和趋密性

针对这些特性，在饲养过程中应经常做好扩座匀座和光线调节工作。

（五）小蚕就眠快、眠期短

眠前加网，宁早勿迟，确保日眠。

二、小蚕饲养形式

科技人员和蚕农根据小蚕的生理特点，创造出了很多饲养形式，它们的共同要求是，提高饲育小环境的保温、保湿能力，保持桑叶新鲜，各种条件符合小蚕生长发育需要，蚕儿能够健康饱

食，发育整齐，在此基础上实现节约投资、提高劳动生产率。目前，农村中应用的主要的饲养形式有两种。

（一）塑料薄膜覆盖育

利用塑料薄膜保湿的性能保持桑叶新鲜。养蚕用的薄膜可以是聚乙烯塑料或聚丙烯塑料。使用的方法是：收蚁前将塑料薄膜垫在蚕匾里，在薄膜上收蚁定座给桑后，再在蚕座上盖一张塑料薄膜，四边折叠，使其密闭。每次给桑前 20~30 分钟揭开上盖的塑料薄膜，进行扩座、匀座和给桑。如遇阴雨天气揭薄膜的时间，可适当提早一点，干燥时要适当推迟。不同龄期塑料薄膜的使用方法有变化，一般 1~2 龄上盖下垫，称为"全防干育"；3 龄只盖不垫，称为"半防干育"。蚕进入眠中阶段要揭除上盖的塑料薄膜，促使蚕座干燥，有利提高体质，促进发育整齐。采用塑料薄膜覆盖育，桑叶保鲜效果好，一般每日给桑 2~3 回。眠中要将用过的塑料薄膜及时洗干净，再用 1% 有效氯的含氯消毒药品液消毒，晾干备用。

（二）炕床（房）育

炕房育是在密闭性能相对较好的蚕室内，砌设"地火龙"或"天火龙"加温补湿，并直接在该蚕室搭蚕台或放蚕架养蚕及操作的饲养形式。炕床育在春蚕期保温保湿好，散热均匀稳定，夏秋期防热保湿好，有利于小蚕的生长发育，是一种比较理想的小蚕饲养方法。炕房饲育面积大，适宜于饲养数量较多的农户或小蚕共育。新老蚕区都可以采用，在北方气候干燥地区应用，效果更好。

三、小蚕饲养技术

（一）气象环境的调节

1. 温湿度调节

1 龄适宜温度 27~28℃，干湿差 0.5~1℃；2 龄温度 26~

27℃，干湿差 1~1.5℃；3 龄温度 25~26℃，干湿差 1.5~2℃，各龄眠中温度应降低 0.5~1℃，干湿差保持 1.5~2℃。前期稍干，后期蚕蜕皮时稍湿。春期养小蚕时，大都在小蚕室内加温饲养，才能达到蚕儿生理发育的要求，可用火盆、煤火炉、地火龙、电热等方法进行加温；同时应注意补湿，通过煮水或挂湿布，结合蚕室地面消毒喷漂白粉液等，有条件的最好利用自控电加温补湿器进行加温补湿。由于蚕架上下或炕床各部位的温度有高低，需要调换蚕匾位置，每天上下、左右调换蚕匾一次，使蚕感温均匀，发育趋于一致。

蚕室小气候的调节，要根据蚕的不同发育时期及不同季节有重点地进行调节。春蚕期常遇低温干燥环境，不能满足蚕儿对温湿度的要求，调节的重点是室内升温补湿。夏蚕期，主要是防高温多湿。蚕室四周搭凉棚，加强通风换气，如遇高温干燥天气，需在室内喷水补湿，夏蚕期应避免 30℃ 以上高温对蚕的影响。秋蚕期，是以防高温干燥为主，可在室内喷水、挂湿布等，以补湿、降温。

2. 空气调节

由于蚕儿呼吸和在室中燃烧炭或煤排出了一些不良气体，对蚕儿生长有影响，因此，每天要结合给桑作业，打开门窗加强换气，保持空气新鲜。一、二龄每天定时换气 1~2 次，三龄 3~4 次。每次喂叶前打开薄膜换气 20~30 分钟，喂后即盖上。

3. 光线调节

针对小蚕趋光性、趋密性较强的特点，蚕室内应保持光线明暗均匀，防止日光直射蚕座，并注意蚕匾内外调节。

(二) 桑叶的采摘与贮藏

1. 各龄选叶标准

小蚕选叶应以叶色为主，叶位为辅，根据各龄对桑叶成熟度的要求进行选叶。收蚁当天应选用叶色黄中带绿偏嫩的第 2 位叶，手触柔软，桑叶展平，稍有光泽。第 2~3 天，应选用叶色黄中带绿的第 2~3 位叶，手触柔软，桑叶有光泽。二龄蚕应选用叶色浅绿的第 3~4 位叶，较柔软，光泽较强。三龄蚕春季应选用叶色深绿的第 5~6 位叶或"三眼叶"，夏蚕蔬芽叶，秋蚕第 5~7 片叶，光泽强。不采泥沙叶、虫口叶、阴枝叶、污染叶等不良叶。如雨水多，桑树生长旺盛，叶位可根据具体情况往下移一位；气候干旱，桑树生长缓慢，桑叶含水量少易硬化，小蚕选叶，叶位可适当向上移一位。

2. 采叶时间

每天采叶 2 次，早晨采叶，中午和下午喂，傍晚采叶，夜间和次日清晨喂。上午宜在露水干后至 11∶00 前采摘，下午应在傍晚阳光较弱、温度较低时进行，不采雨露叶和高温日晒叶，遇连续雨天需采水叶时，应晾干或擦干后再喂蚕儿。

3. 采叶方法

1、2 龄用叶，边采边叠，叶柄叠叶柄，放于采叶篮内，盖上湿布，以防日晒风干。三龄用叶量较多，不必叠叶。桑叶要松装，采够后要及时运回，避免发热变质，即"松装快运"。

4. 桑叶贮放

各龄适熟桑叶，叶质越新鲜营养价值越高，蚕越爱吃。养蚕要日喂数次，不可能随采随喂，要有一定桑叶贮备便于夜间喂蚕和防雨天缺叶。桑叶贮藏在一定时间内要保持叶质新鲜不变质，尽可能减少养分的损失。小蚕存储桑叶的方法如下。

（1）缸贮法。养蚕户可采用大缸贮桑，在大缸底部注入清水，放一圆竹笆隔水，缸内放一个竹编的气笼，将采回的 1~2 龄桑叶，叠整齐后沿缸壁层层放好，叶尖向上；3 龄桑叶抖松放在气笼周围，缸口盖湿布或湿蚕匾，保持桑叶新鲜，不发热、不萎凋。

（2）池贮法。用砖砌一长方形，留有出水孔，池内垫薄膜铺上清洁细沙约 5cm 厚，注入清水，使沙湿润并刚好浸过沙面，将采回的桑叶理整齐，把叶柄插入湿沙中（不让叶片接触湿沙），池上方盖一防干薄膜；或在贮桑池底部放干净的鹅卵石，池中放水（一天换一次），摘回桑叶叠放在鹅卵石上，盖上湿布。

（3）匾贮法。小蚕期间用叶不多，可将采用的桑叶放在打湿的蚕匾里，叠整齐堆成畦形，上面用打湿的补湿布盖好。

（三）调桑

桑叶的整理和切叶叫调桑。

1. 整理

桑叶采摘回来后，要选出其中的过嫩叶、硬化叶、萎凋叶、蒸热叶、病叶、虫叶、泥沙煤灰污染叶，并淘汰掉。

2. 切叶

切叶是给桑前的准备工作，将桑叶切成一定大小后，给桑易于均匀，便于蚕儿就食，有利于蚕的发育齐一，但切叶大小要根据给桑次数、气候情况、蚕的发育程度而不同。每天给桑次数多切桑宜小，给桑次数少切桑宜稍大；盛食期切桑可稍大，将眠时宜小，以利眠中蚕座干燥。切桑形式有正方形、长方形、长条以及粗切。一般 1~2 龄多采用正方形叶，大小以蚕的体长 2 倍见方为标准。长条形切成宽度约等于蚕体长度，切叶长度为蚕体的 5~6 倍，三龄可以粗切成大方块叶或喂全叶。切桑时先将桑叶叠整齐，切去叶柄，从叶的中间切一刀，平分为二；再把两者重叠，沿切口切成一定大小的条叶，选一片较大的桑叶作为包叶，把条包好，再横切成方块，选去较粗的叶片和条叶，即可喂蚕。

（四）给桑

给桑要掌握好每天给桑次数和每次给桑量，给叶要掌握适量。过多，浪费桑叶，且造成蚕座潮湿助长病菌繁殖；过少，蚕饥饿。具体应以蚕的发育和桑叶凋萎速度为主要依据。每次的给

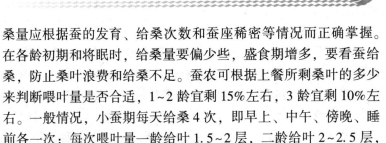

桑量应根据蚕的发育、给桑次数和蚕座稀密等情况而正确掌握。在各龄初期和将眠时，给桑量要偏少些，盛食期增多，要看蚕给桑，防止桑叶浪费和给桑不足。蚕农可根据上餐所剩桑叶的多少来判断喂叶量是否合适，1~2龄宜剩15%左右，3龄宜剩10%左右。一般情况，小蚕期每天给桑4次，即早上、中午、傍晚、睡前各一次；每次喂叶量一龄给叶1.5~2层，二龄给叶2~2.5层，三龄给叶2.5~3层。一张蚕种（10g蚁）一般一龄用桑1~1.5kg，二龄用桑3.5~4kg，三龄用桑12.5~15kg。目前推广的每日3回育或2回育，每次给桑量要适当偏多些；蚕座密时给桑量应偏多。蚕座稀时宜偏少。气温高时适当多给桑，气温低时适当少给桑。一、二龄每次喂叶前30分钟，三龄每次喂叶前40~60分钟揭开薄膜，通风换气，喂完桑叶再盖上。

给桑可采用"一撒、二匀、三补"的方法，要求迅速并均匀厚薄一致，未撒到桑叶的地方再补桑叶，使每条蚕都能饱食。喂叶时，右手拿切好的桑叶，在蚕座上方一尺左右，轻轻抖动手腕，使桑叶从手指缝中漏下；先从蚕座四周开始，逐渐撒到蚕座中央，均匀的撒到蚕座上，未撒到的地方，大洞补，小洞匀。注意边角都要撒到桑叶。然后用鹅毛把蚕座外的桑叶扫入蚕座，再用蚕筷捡匀就行了。3龄蚕用片叶时，则要求叶面向上，叶背朝下，一片片平铺喂蚕。

（五）匀座与扩座

蚕生长发育的场所叫蚕座。蚕座过密，则蚕相互拥挤，造成食桑不足，发育不齐；同时蚕相互抓伤皮肤，增加感染蚕病的机会。反之蚕座过稀，则残蚕多，造成桑叶浪费及增加蚕座湿度而诱发蚕病发生，同时还会造成蚕室蚕具、劳动力用量增多。小蚕生长发育迅速，成长倍数大，因此要提前扩大蚕座。再之小蚕具有趋光性和趋密性，易造成蚕座上蚕分布不均匀，因此要做好匀座工作。

1. 蚕座面积

随着蚕儿生长发育，其活动范围逐渐增大而扩大蚕座面积叫做扩座。扩座的目的，是使蚕儿有适当的蚕座面积，便于正常食桑运动，合理经济利用桑叶。小蚕生长快，一般1、2龄蚕体面积每天能增长2倍，3龄每天增长1倍多，因此，要求给一次桑，扩一次座，匀一次蚕。防止蚕座整体和局部过密或过稀。小蚕期蚕座的疏密标准，一般1、2龄是1条蚕见方的空隙，3龄是2条蚕位置空隙，在各龄盛食期把蚕座扩大到该龄最大面积，要达到"小蚕不擦蚕"的稀密程度。合理的蚕座面积以蚕体面积和蚕的生长倍数为基数，再加上适当的活动余地来计算的，一般一张蚕种10g蚁量的小蚕期各龄的最大面积为：收蚁当时 $0.12 \sim 0.14m^2$，1龄为 $0.7m^2$，2龄为 $1.6m^2$，3龄为 $4.0m^2$。

2. 扩座方法

小蚕期除第1次扩座需先除去收蚁网或收蚁纸外，通常用蚕筷、鹅毛或手，把蚕座内的残桑和蚕轻轻拨松，向四周平展扩大到预定面积为止。并将密集处的蚕儿移到稀处，均匀分散。扩匀座时动作要轻，保持蚕座的平整和方正整齐。也可采取提叶扩座。即在扩座前，1龄喂长条形叶、2龄喂梳状叶、3龄喂成片叶，喂叶20分钟后连叶带蚕提开扩座。当一只蚕匾或蚕床内的蚕不能继续扩大时，就应分匾或分床，分匾主要采用网分法，通常结合除沙进行。即喂叶前先撒石灰，每匾加2只网，左右各1只，把蚕座分成两半，喂叶两餐后，结合除沙即可将蚕分成两匾。

（六）除沙

蚕座中蚕吃剩的残桑、叶茎、蚕粪及消毒用材料焦糠、石灰、蚕脱的皮等混合物叫蚕沙。蚕沙中含有一定水分，并有丰富的有机质，在一定温度下易引起腐败、蒸热发酵等，使空气污浊，并成为病原菌良好的繁殖基地。将蚕匾内的蚕沙除去叫除沙。除沙是保持蚕座清洁卫生、防止蚕病传染的重要措施之一。

1. 除沙时期与次数

除沙按时期可分为起除、中除和眠除三种，各龄起蚕饲食后第一次除沙叫起除；蚕将眠前加网除沙叫眠除；起除和眠除之间的除沙叫中除。小蚕采用防干育，通常1龄蚕沙不太厚可不除沙，以防止遗失蚕；2龄起除和眠除各1次；3龄起除、中除和眠除各一次。

2. 除沙方法

有网除和糠除两种方法。

（1）网除法。给桑前在蚕座上撒一层石灰或焦糠，铺上蚕网，然后喂叶。喂叶两次后进行除沙，换蚕匾。除沙时，先在空匾中铺上薄膜，薄膜上撒一层焦糠，再把蚕网抬到蚕匾中的薄膜上，并把原来蚕座上没有上网的蚕子捡到蚕匾中，倒去蚕沙，即完成除沙。蚕网不够或没有蚕网时，可用片叶铺在蚕座上，引蚕上叶后提叶换匾，倒除蚕沙。

（2）糠除法。给桑前在蚕座上撒一层石灰或焦糠（用量比网除法多一倍），然后喂叶。喂2~3次桑叶后，将一张绵纸铺在蚕座上面，用双手慢慢从蚕座一端把石灰或焦糠上的桑叶、蚕子和纸卷成筒状，移到另一只铺有薄膜的空匾上，展开即成。

3. 除沙注意事项

除沙应尽量在白天进行，以避免小蚕遗失。除沙动作要轻、操作要仔细，避免损伤蚕体和遗失小蚕。除沙换匾后要匀一次蚕。除沙中发现病死蚕要集中投入消毒缸内，勿乱丢或喂鸡鸭吃。除沙完后，蚕室地面要及时打扫干净，并用0.3%有效氯漂白粉液消毒，喷洒地面和空中或者在地面上撒一层石灰粉，换出的薄膜、蚕网也要消毒、晒干后再用。蚕沙不能随地抛撒，要及时运出蚕室，倒入蚕沙坑中制作堆肥，千万不能堆放在蚕室内或蚕室周围。

（七）眠起处理

眠起处理是养蚕过程中比较重要的技术环节。每个龄期蚕儿发育到一定程度，需要入眠，外观眠蚕不食不动，但正是新旧体壁更换和组织更新过程，这一时期蚕儿体力消耗特别多，对不良环境抵抗力较弱，如处理不当，会使蚕体弱多病，同时还会带来操作上的麻烦。因此，在饲育管理上必须重视眠起处理工作，要求做到眠前吃饱、眠中管好、饷食适时。

1. 眠前处理

（1）饱食就眠。各龄蚕盛食期后就眠前，食欲减退，食桑量逐渐减少，皮肤紧张发亮，略吐丝缕，是就眠前兆，称为催眠。此时仍要及时给桑，掌握饱食就眠。若过早止桑，易造成饿眠，饿眠蚕体质弱，抗性差易生病。因为蚕眠定后虽然不食不动，但主要是靠眠前吃桑吸收的养分来维持复杂的生理活动，所以在技术处理上应做到"超前扩座，蚕头分布均匀，减小切叶分寸，实行多回薄饲"。即当蚕出现将眠蚕特征时，喂叶要偏少；当发现少数蚕已眠时，此时切叶宁小勿大，方叶边长只能是蚕体长的 0.5~1 倍，且喂叶量宁少勿多，给 0.5~1 层叶，过多会造成桑叶盖住眠蚕；当90%以上已眠，但仍有少数未眠，又到了喂叶时间时，应零星补叶 0.3~0.5 层，虽然此时蚕只吃一、两口叶，但可使未眠蚕加速入眠。

（2）适时加眠网。为了使眠中蚕座清洁干燥，在蚕就眠前要加网除沙，加眠网要掌握适时。过早加眠网除沙，眠中蚕沙厚，眠中蚕座冷湿，容易就眠不齐，影响眠蚕健康；加网过迟，则网下眠蚕过多，除沙操作过程困难，且遗失蚕多。加眠网适期，主要根据蚕的发育、体形休色、食桑行动的变化来决定。小蚕加眠网宁早勿迟，通常一龄期可以不眠除，如蚕沙太厚，仍要加网除沙。一般 1 龄在盛食期后，大部分蚕体呈炒米色，少数胸部膨大、透明呈将眠状态，并发现有部分蚕体粘有蚕粪（俗称顶头沙）时，为加网适期。2龄大部分蚕体皮肤紧张发亮，有少数蚕体呈乳白色，行动呆滞，发现有蚕驼蚕的现象时，即可加网。3龄眠性较慢，一般蚕体皮肤紧张发亮，体躯缩短，体色由青而转为乳白色，并发现有1~2头眠蚕时加网。加网还须注意在气温高和白天宜偏早，气温低时和晚上加网宜偏迟；给桑回数少宜偏早，给桑回数多宜偏迟。

（3）提青分批。任何一批蚕，在饲育过程中，由于给桑不匀，桑叶成熟度不一致；蚕头稀密不均，雌雄个体发育的差异等，蚕儿的发育总是有一定差异的。在就眠不齐的情况下，把眠蚕和未眠蚕（俗称青头蚕）分开，把青头提出来另行饲养称为提青分批。分批的目的是使未眠蚕能食到必要的桑叶，改善眠中蚕儿的环境。一般以眠除后经过6~8小时，即网上给桑2次后，大多数蚕儿已经就眠，少数蚕儿尚不能停食时，就应加网提青（加网方法同加眠网，只不过切叶大小为当龄叶片的2倍，而且是稀撒1层）。撒叶后15~20分钟，将网抬起放入另1匾中。小蚕期提出的迟眠蚕，给予新鲜适熟偏嫩的桑叶，并放在高处，促使蚕儿饱食就眠，以缩小发育快慢的差异；提出的蚕，再经2~3次给桑，若还有一部分蚕不眠，再行提青，直到全部蚕就眠。个别发育不良，体质虚弱的迟眠小蚕应予淘汰。

（4）控制蚕日眠。蚕就眠的时间与眠起的快慢、整齐度有密切的关系，日眠的蚕眠得快、眠得齐、省桑叶、省劳力、蚕体强健。蚕儿在上午催眠，15:00—20:00入眠的称日眠。日眠蚕入眠整齐，易于饲养。而蚕在20:00后入眠就不整齐，要拖至次日中午才能就眠，称为夜眠，夜眠蚕发育不整齐，不易饲养。因此，饲养中要设法调控蚕白天入眠，控制蚕日眠的方法主要是通过掌握各龄饲育温度与收蚁饷食时间，使蚕在早晨见眠，18:00—19:00眠齐而提青止桑。生产实践中可通过下列措施实现日眠。调控收蚁时间，将收蚁控制在8:00—10:00进行，当天收不完的，可用黑布继续遮黑，待第二天早上再收；调控饷食时间，根据各龄蚕的发育经过和食桑时间，在饷食时就要估计到下一眠在什么时候入眠，通过适当提前或推迟饷食时间，达到控制日眠的目的；调控饲育温度，在蚕适宜生长发育温度范围内，视蚕发育快慢，适当降低或提高饲育温度，来控制蚕生长速度，从而达到控制日眠的目的。最终达到"10天眠3眠，每眠都日眠"。

2. 眠中保护

蚕儿在眠中要经过复杂的生理变化，蜕去旧皮长出新皮。此时的体质非常虚弱，对外来的各种干扰抵抗力较弱，应注意合理保护。眠中保护是指从停食到饷食这段时间的环境保护，在正常的温度情况下，1~2龄眠中经过19~21小时，3龄眠中约24小时。入眠后体躯缩短，皮肤紧张，体色发亮，不食不动，头胸之间出现深褐色三角形，抬头昂胸静伏在蚕座上，此时宜在蚕座上薄撒一层石灰或焦糠，避免早蜕皮蚕偷吃干桑，同时起到吸湿防病作用。为了减少眠蚕体力消耗，眠中温度要比食桑时温度降低0.5~1.0℃，眠中前期（从撒焦糠止桑到发现起蚕）干湿差为2~3℃，保持眠中环境干燥，眠中后期（从发现起蚕到饷食前）干湿为1.5~2℃，使蚕顺利蜕皮。蚕蜕皮期要防止过分干燥，易产生不蜕皮蚕和半蜕皮蚕，必要时适当补湿，可用1%漂白粉液拖地，增加蚕室空气湿度。另外，蚕在眠中要防止震动、大风直吹和强光照射，蚕室光线稍暗，光线保持均匀，不能一方亮、一方暗。

3. 适时饷食

蚕蜕皮后第1次给桑叫饷食。在生产上饷食时间的早晚与养蚕成绩关系很大，掌握适时饷食非常重要。饷食过早，消化器官还很幼嫩，消化机能还未完全恢复，易造成消化不良、蚕体虚弱、发育不齐。饷食过迟，起蚕到处爬行觅食，蚕体受饿疲劳，体内营养消耗过多；同样使蚕体质虚弱，在高温下危害更大。

（1）适时饷食的标准。适时饷食的标准是以起蚕头部色泽和食欲举动来决定的。蚕儿蜕皮后，头部色泽由灰白色变成淡褐色，再转变为黑褐色。头部灰白时，口器尚嫩，无食欲，不宜给叶，黑褐色时蚕已饥饿。所以，小蚕期以大多数起蚕头部呈淡褐色、头胸部昂起左右摆动时，为饷食适期。一般春蚕期匾中有90%左右（夏、秋期80%）的起蚕头部呈淡褐色时便可饷食。另外，也可在提好青的基础上，一般有半数起蚕，2~3龄再经5~6小时，即可饷食。

（2）饷食方法。蚕儿饷食前，先用2%有效氯漂白粉防僵粉或石灰粉在蚕体上薄撒一层；15~20分钟后，再撒焦糠，铺上蚕网喂叶。饷食桑叶要新鲜、适熟偏嫩，即上龄用叶标准，给桑量不能过多，饷食后的第一、二次给桑，要薄而匀，蚕吃尽为适。一般饷食第一次给桑量为前龄盛食期的80%，给桑一层即可，以吃半饱为度；第二次给叶要缩短时间，给桑1.5层让吃八成饱。第二次桑后即行除沙（起除），起蚕皮肤较嫩，很容易碰伤，要求动作轻巧细致。

（八）小蚕期的消毒防病措施

养蚕过程中，病原物可通过桑叶、蚕具、饲养人员、空气等多种渠道进入蚕室，随着蚕龄的增进不断增殖、传播，造成感染。因此，为防止蚕病的发生和蔓延，必须采取有效的防病措施。

1. 做好清洁与隔离工作

在贮桑室和小蚕室门前必须铺设新鲜石灰粉或浸有漂白粉等消毒液的麻袋（草袋），做到换鞋入室，并随时保持蚕室内外的清洁。饲养人员要勤洗手，在进入蚕室、采桑、切桑、给桑前和除沙后以及接触病死蚕后必须洗手。除共育员外，禁止其他人进入蚕室，防止病源带入室内。

2. 禁止使用未消毒的蚕具，蚕具应专室专用

养蚕过程换出的蚕匾、蚕网、薄膜应消毒后再使用。每批共育结束，小蚕全部发完后，应对蚕室进行打扫清理，进行彻底消毒，为共育下一批蚕做好准备。

3. 养蚕过程发现有病蚕、弱蚕、特小蚕以及迟眠蚕应严格淘汰

淘汰的病弱蚕必须投入石灰缸中，不能用来喂家禽、家畜等。对病死蚕应进行深埋或烧毁处理。蚕沙应集中堆放，沤熟再用作非桑作物肥料。

4. 做好除沙后清洁消毒

除沙后，应马上把蚕沙运到远离蚕室的地方制作堆肥，不能堆在蚕室里或蚕室的周围。装运蚕沙和装桑叶的用具要分开，不能混用。每次除沙后都要把地面扫干净，在地面撒石灰或用1%石灰浆喷洒地面。气温高、湿度小的情况下，可用0.3%有效氯漂白粉药液向空中喷雾消毒。换出的蚕匾、蚕网清洗后，放在太阳下暴晒。小蚕每龄眠定后，用含有效氯0.5%的漂白粉消毒液消毒地面和桑室。

5. 蚁蚕和各龄起蚕响食前必先进行蚕体蚕座消毒

常用消毒药物有防病一号、漂白粉防僵粉、石灰等，按每平方米20~30g的用量。将消毒药物用布袋装好，在给桑前均匀地撒布在蚕体和蚕座上，以一层薄霜为宜，施药15分钟后再加网给桑。一般在早上喂前消毒和加网除沙前进行，发现蚕病，适当增加消毒次数和消毒量。为防止病毒病的蚕座感染，可在止桑后或各龄中期用石灰：焦糠（3∶7）混合物撒布蚕体蚕座，发病时可每天一次。要特别注意小蚕防病一号消毒后，不能喂湿叶，以免中毒。

6. 其他

不能在蚕架下面堆放桑叶。蚕室内不能堆放农药、化肥，屋

外农田打药时，要将门窗关闭；养蚕人员打了农药后，要换衣服，洗澡后才能喂蚕。

第四节 大蚕饲育

第4—5龄蚕称为大蚕，大蚕期是摄取营养增长蚕体和生成丝蛋白的关键时期，大蚕饲养的好坏直接关系到蚕茧产量的高低和质量的优劣，所以，应针对大蚕期的生理特性，采取相应的饲养措施。

一、大蚕期的主要生理特点

大蚕的生理特点与小蚕相比差别较大，主要的有以下四方面。

（一）对高温多湿的抵抗力弱

大蚕体表面积与体重之比、气门与体重之比都比小蚕小，因而体内的水分不易散发，散热也困难，易引起体温升高。若气温超过适温范围（30℃），影响酶的活性，引起代谢机能减弱。加之大蚕期食桑量多，食下水分也多，体内多余水分，不易从气门、皮肤发散，主要通过粪便大量排出。由于大量排尿使体内含盐量显著降低，就会降低血液的酸度和胃液碱度，使蚕体虚弱，易发蚕病。因此，大蚕期要避免高温多湿环境。

（二）绢丝腺成长快

家蚕1~4龄丝腺的重量约占体重的5%，到了第5龄急剧生长，至蚕熟时丝腺占到了体重的40%。绢丝物质的70%是在第5龄第3日后到上蔟第2日期间形成的，其余30%是利用5龄初期及以前的养分形成的。这说明第5龄营养条件对丝蛋白形成非常重要。大蚕绢丝腺成长快，用桑量也大，其中5龄用桑占全龄用桑的85%。因此，为确保蚕体的正常生长发育，促使绢丝腺发达，充分形成丝蛋白，需要按质按量及时做好大蚕期的桑叶供应。

（三）对自然环境有一定的适应性

5龄蚕，体表的角质层明显增厚，表皮外又有蜡质层保护，所以对外界自然的温度、湿度、风吹，甚至短时间的雨淋有一定的适应性，加上爬动摄食能力较强，可以利用这些特点进行省力简易化饲养。

（四）大蚕对二氧化碳的抵抗力弱

由于大蚕期气门与体重之比相对较小，因而气体进出蚕体组织的难度加大，所以大蚕对二氧化碳等的抵抗力较小蚕弱。大蚕期呼吸量大，相应呼出的二氧化碳和水分也多；给桑量也大，桑叶的呼吸与蒸发，又放出大量的二氧化碳和水蒸气，加上排出的蚕粪放出的不良气体，相互混和，蚕室中很容易形成污浊环境。如果不注意通风，即使正常温度亦有不良影响，再加上高温，影响更大，尤其5龄期，容易感染各种蚕病。

二、大蚕主要饲养形式

（一）蚕匾育

用蚕匾作为养蚕工具的统称蚕匾育，是我国传统的饲养形式。蚕匾育可多层饲育，蚕室空间利用率较高，占用房屋较少。但每次给桑、除沙等操作必须搬动蚕匾，所用劳力较多，且需用较多的蚕架、蚕匾等工具，容易损坏，蚕具投资较大。

（二）蚕床育

蚕床养蚕使用方法简单，材料易取，制作容易，养蚕不用搭架。10~15个摞成一摞，最下面一床用砖垫起离地30cm高；在喂蚕时，先从上面一床开始喂，喂完后将床重新摞起。

（三）蚕台育

目前已经成为主产区主要的大蚕饲养形式之一。其优点是给桑时可直接向蚕台上投放桑叶（片叶、芽叶和条桑均可），给桑效率高，省工省力，便于熟蚕自动上蔟；还可就地取材，制作成本较低。但消毒防病有困难。可以利用竹木或钢材搭制竖立的蚕架，利用竹竿、木棍、钢管等材料在 2 片蚕架之间架设 2 根相距1.2~1.5m 的平行横杆，在其上面铺展由细竹竿、桑条、麻秆等编织的帘子或塑料编织布，即成为养蚕用的蚕台。蚕台可以建成多层蚕台，提高空间利用率。

（四）地面育

地面育是苏、浙、川、粤等蚕区传统的大蚕饲养型式之一。在地面养蚕要选择地势高燥、通风良好、没有放过农药、化肥等房屋，经全面打扫清洁，堵塞鼠洞、蚁穴后，用含有效氯 1%的漂白粉溶液彻底消毒。蚕下地前，先在地面上撒一层新鲜石灰粉，再铺一层 4cm 厚的短稻草，然后将 4 龄或 5 龄饷食后的蚕，在起除时连叶带蚕移放到地面饲养。为了操作方便，蚕座可采用畦条式，畦宽 1.5m 左右；畦之间留操作道，宽约 0.5m。地蚕育可给予片叶、芽叶或条桑。地面育不除沙，多湿时可撒些石灰、切碎的稻草等干燥材料隔离。地面育给桑速度快，又不需除沙，养蚕效率高，节省蚕具，但需蚕室面积较大。

（五）斜面立体条桑育

这是一种较新的养蚕办法，具有省工、省叶、通风和感染发病轻等优点。大蚕期采用斜面立体条桑育，可以减少每天给桑次数，降低劳动强度。准备条桑育用的桑树，小蚕期不要采叶，以免在剪条时梗多叶少。方法是用竹竿或木杆两头固定平放于事先砌好的砖墩上或悬挂在绳上，竹（木）离地面约 0.5m 处，竹（木）宽度以方便操作为宜；5 龄饷食第二次喂蚕，将条桑平排在蚕座上，待蚕全部爬上吃叶后轻轻把桑枝和蚕一起提起均匀斜靠在准备好的竹竿上，构成 45°角；第一次喂蚕新梢向上，以后喂蚕时桑条之间梢端和基部要相互交错排列。见熟前一天，由条桑改给片叶，防止熟蚕在枝条间结茧。

（六）室外育

室外育是我国农村较多采用的一种大蚕室外饲养型式。一般在房前屋后的空地上，用钢管、竹木、芦帘、麦（稻）草、薄膜等材料搭建而成，其高度和大小根据需要而定。有中间高二边落水式、靠墙一边落水式和拱顶船篷式三种。棚内搭蚕台 1~2 层养蚕，或不搭架直接在地面上饲养。大棚蚕台育有条桑育蚕台和片叶育蚕台两种。条桑育蚕台一般 2 层，上、下相差 80cm，下层可在地而上饲养。片叶育蚕台可设 7~8 层，层间距离 25cm，下层距地面 33cm。条桑、芽叶、片叶均可喂，不用除沙，更不用扩座分匾，所以简单省工省力；室外养蚕空气新鲜，不良气体为土壤吸收，蚕座卫生；在室外养蚕要防止蝇、鼠、蛤蟆和猪、鸡、蚂蚁等危害，每天要撒一次新鲜石灰粉进行隔离消毒，以防蚕病。

三、大蚕饲养技术

（一）桑叶的采摘、运输和贮藏

1. 桑叶的采摘

正常天气，桑叶采摘宜在早晚气温较低时进行，中午太阳大、温度高，不宜采叶，17:00 后采叶，应以早晨为主，傍晚为辅（即早采 70%，晚采 30%），此时采摘的桑叶在给桑后不易萎凋，也便于储藏。大蚕用桑可采轻度露水叶。一般有露水的天气多是晴天，天气较干燥，桑叶略带雾湿有益于保持新鲜。阴雨天停雨叶干后可随时采。

春蚕期，4 龄用桑一般采三眼叶和枝条下部叶，五龄开始陆续伐条，先伐零星桑和远离蚕室的桑树，做到有计划地划片剪伐桑树。对用条桑育的桑树，则在小蚕期不应采叶；为了提高叶质，增加产叶量应在用叶前 10~13 天进行摘芯。夏秋大蚕采叶，除饲食用叶外，实行从下到上的采叶方法，以防下部叶老化造成损失。夏秋期采叶要用采桑刀，采叶留柄，切忌粗暴撕落叶柄，以防损伤腋芽而影响来年春期的发芽率和桑叶的产量。夏秋各季采叶时，每根枝条顶端留 6 片左右桑叶不采，用以养树。采用冬季重修、夏不伐条的地区，春蚕主要利用春季新发条上的桑叶养蚕。因此，春蚕用叶是由枝条上部第 3~4 片叶逐步向下采摘，以保留上部新梢继续生长，供夏秋蚕利用，也要防止损伤桑芽。

2. 桑叶的运输

桑叶的运输要贯彻随采、随装，轻装、快运的原则。大蚕期用桑叶量多，宜选大采桑筐（篓）盛放（不允许用蛇皮袋装运桑叶），不可压实、力求松装，以防桑叶破损、蒸热变质，降低桑叶质量；桑叶到贮桑室后随即倒出抖松散热，条桑则解捆散热后，再进行贮藏。

3. 桑叶的贮藏

贮藏桑叶不仅是保持桑叶的新鲜，更重要的是使桑叶不受污染。目前一般农户养蚕，可选用比较阴凉的房屋或选择地下水位较低处建简易半地下贮桑室。对于没有混凝土或砖石硬化、很难彻底消毒的贮桑室，可铺塑料编织布于地面，桑叶放在塑料编织布上。贮桑室要求低温多湿少气流，要经常保持干净、整洁，并隔日地面用 0.3% 漂白粉液或消特灵消毒。桑叶贮藏时间不宜过长，一般早上采供白天用，下午采供夜间用，贮桑以不超过 24 小时为宜。

桑叶贮藏一般采用畦贮法和堆贮法。采回桑叶后，先将桑叶抖松，堆高不超 50cm，不能堆积过高、过密，容易发热，要注意经常翻动桑叶，不要使桑叶发热，一般每隔 4 小时翻动一次散热。夏秋季，气候干燥时，可在桑叶上盖湿布，也可以在桑叶上喷干净的井水，防止桑叶萎凋。条桑贮藏应采用竖立法。先在贮桑室地面洒适量清水，解松条桑绳束，沿墙壁顺次站立。条桑间要有空隙，以防发热。

（二）给桑技术

1. 给桑量

第 4 龄为蚕体成长过渡到绢丝腺成长的转折时期，必须良桑饱食。4 龄期约占全龄总用桑量的 10% 左右，少食期以桑叶基本吃完为宜，盛食期以稍有剩叶为宜。第 5 龄用桑约占全龄期用桑的 85%，5 龄用桑前期适当少给，3 天后蚕进入盛食期，绢丝腺成长迅速，必须做到良桑饱食，5 龄春蚕应吃足 8.5 天叶，夏秋蚕要吃足 7~8 天叶。杜绝 5 龄春蚕 7 天内夏秋蚕 6 天内使用蜕皮激素催熟。温度高时，可多给些桑叶；温度低时少给些桑叶；环境干燥，桑叶容易萎凋，可以增加给桑次数，每次少给些桑叶；环境湿度大时，可以减少给桑次数，每次多给些桑叶；蚕座中剩叶多可少给些桑，剩叶少可多给些桑。眠起不久的蚕和即将入眠的蚕给桑量宜少；中间阶段的蚕给桑宜多。总之，要看蚕给桑，灵活掌握，使大蚕吃饱，但不要浪费叶。

2. 给桑回数

大蚕给予芽叶或片叶，每昼夜给桑 4~5 回。如果采用条桑育，一般每日给桑 2~3 回。给桑回数也要根据天气情况，如大风干燥，桑叶容易萎凋，给桑回数要适当增加或补给桑；在多雨季节，空气潮湿，给桑回数可适当减少。

3. 给桑方法

大蚕有逸散性。给桑前，往往有部分蚕向四周爬散，需要做好匀座工作。大蚕给予芽叶或片叶，需将桑叶抖松。条桑育的给桑，要把梢部与基部互相颠倒交错、平行放置。条桑蚕座，要力求平整，如枝条长而弯曲，可剪短后给予。

（三）气候环境调节

1. 气候环境要求

大蚕饲育适温为 23~25℃。4 龄期以不低于 24℃ 为宜，若低于24℃，食桑缓慢，食下量和消化量均减少，蚕发育不齐，蚕茧变小，产量降低。如5龄温度高于28℃以上，食下量减少，龄期经过缩短，抗逆性下降，产茧量低，蚕茧品质下降。大蚕饲育的适宜湿度为65%~70%，干湿差3~4℃。湿度过小，桑叶容易萎凋，影响食下率。湿度过大，蚕体水分不易蒸发，体温升高，病菌容易滋生，不利于大蚕饲养。大蚕有避光性，容易向光线暗的地方集中。除保持室内光线均匀外，给桑前要匀座。大蚕室要经常保持有0.1~0.3 m/s的气流，以便及时排出蚕室内的不良气体，保持室内空气新鲜。特别是在高温多湿的情况下，如不注意通风，势必造成室内闷热、空气污浊、蚕座中蚕沙发生蒸热，使蚕的体温升高，体质虚弱，容易诱发各种蚕病。如蚕农常说的"大蚕靠风养"所讲的就是这个问题。因此，注意通风换气，特别是夏秋蚕期，门窗不能关闭，实行开门养蚕。不能用口袋屋（没有对流窗的房屋）养蚕。大蚕室要设有前后对流窗，窗的大小不小于120cm×80cm。

2. 不良气候环境调节

大蚕期中还常会出现高温多湿、高温干燥、低温多湿、低温干燥等不良气候环境，可采用以下措施加以改善。

（1）高温多湿的调节。高温多湿，常在夏、秋蚕期出现，高温多湿对蚕的危害性最大。要降温排湿，可在房前搭凉棚，房顶上盖草，经常打开门窗，促使空气对流、通风排湿，蚕室内用电风扇进行通风（注意不要直吹蚕座），降低温度。蚕座上每次给桑前都要撒石灰粉或稻草节、焦糠等，勤除沙。

（2）低温多湿的调节。低温多湿，在晚秋蚕期容易出现，要升温排湿。可在蚕室中放燃烧无烟的炉子，升火加温。如果湿度过大，可用稻草或柏丫在蚕室中熏烟，打开门窗，换气排湿；每次给桑前，要撒石灰粉、焦糠或其他吸湿材料。

（3）高温干燥的调节。高温干燥，在夏秋蚕期出现较多，要降温补湿。可在房顶盖草，屋前搭凉棚，门窗上挂湿帘，蚕室地面和墙壁上多洒漂白粉水、石灰水或井水进行补湿；桑叶上可以喷清水添食。气温很高时，中午要将门窗关闭，上午、晚上打开门窗。

（4）低温干燥的调节。低温干燥，应升温补湿。在地火笼上面多洒漂白粉、石灰水消毒补湿，用热水泼洒蚕室或用热水将布打湿，挂在蚕房中；也可在火炉、火盆上放置水盆，升温补湿，还可以结合添食药物进行防病补湿。

（四）扩座和除沙

1. 扩座

为防止蚕头过密，大蚕期应及时扩大蚕座面积，并注意匀座。否则，蚕座过密，易造成相互拥挤，食桑不足，发育不整齐，还会导致蚕相互抓伤，产生创伤感染，增加感染蚕病概率。脓病暴发多是由蚕头过密相互抓伤引起的。大蚕期的扩座一般是结合除沙一道进行，主要采用加网分匾和桑叶自动扩座法或匀座法。蚕座内密度应做到蚕不打堆，蚕不背蚕、重叠，蚕与蚕之间有一条蚕位置的空隙，留有转身的余地。蚕座过密时，给桑前把附有蚕的桑叶移到蚕座四周或另放一匾扩座，条桑育扩座可将蚕儿密集部分连枝条带蚕移放到蚕座两旁逐渐扩大。一般一张蚕种四龄最大蚕座面积为 $13\sim15m^2$，$16\sim24$ 匾；五龄最大蚕座面积为 $27\sim30m^2$，$45\sim55$ 匾。

2. 除沙

大蚕期食桑量多，残桑和排粪量也相应增多，为了保持蚕座清洁干燥，要经常除沙。用蚕匾饲养，四龄起除和眠除外中除二次。五龄每天除沙一次。如果五龄饷食后下地饲养，一般不除沙。湿度大，蚕沙厚时，可增加除沙次数；气候干燥，蚕沙薄可减少除沙次数，每次除沙要避免在中午太阳大、温度高时和夜晚进行，最好在上午除沙。除沙方法一般为网除或手除。除沙动作要轻快，勿伤蚕体；除沙时发现的病蚕、体弱小蚕，要用蚕筷取出淘汰，投入盛有生石灰的瓦罐中，结束后统一深埋，切勿乱丢、喂鸡、喂鸭；除沙完毕，应先打扫蚕座，然后洗手给桑；替换出来的蚕匾、蚕网，必须经过日光消毒后再使用。蚕沙倒入粪坑、沼气池中或制作堆肥。除沙完毕，应打扫蚕房，待灰尘散尽后洗手给桑。

（五）眠起处理

1. 良桑饱食，适时止桑

四龄蚕就眠，俗称大眠。其特点是眠性慢，入眠往往不齐，从见眠到眠齐的时间较长，眠期经过约 40 小时；加眠网的时间要适当偏迟，一般在蚕匾中有几条眠蚕，大部分蚕体皮紧张，桑叶面上可以看到少量蚕丝时就在蚕座上撒石灰粉或焦糠；铺上蚕网，切三角叶撒在蚕座上；撒叶时，要均匀，边边角角都撒到。当大部分蚕（约90%）已停食入眠后，仍有少数未眠时，要进行提青。方法是先撒一层石灰，有蚕网的加蚕网后疏喂一层叶；无蚕网的则撒石灰疏喂一层叶，等未眠蚕爬上吃叶后，把蚕和网、叶一起提出单独喂叶直至眠齐；最后仍有少数不眠的，捡出淘汰掉，因为迟眠蚕容易发病。眠蚕特征，体色腊白发亮，身体缩短，头部有灰白色小三角，头抬起静止不动，眠定后撒一层石灰。

2. 眠中保护蚕

在眠中要求保持蚕室、蚕座干燥，防止强风直吹和剧烈抖动。光线要求偏暗，保持空气新鲜，眠中温度应降低 $0.5 \sim 1 {}^\circ\mathrm{C}$，防止高温多湿和低温多湿、闷热。过分干燥、温度过高、强风直吹、强光直射等会影响蚕蜕皮，易发生半蜕皮或不脱皮蚕现象，干燥天气见起蚕时应少量补湿，以利蚕儿顺利蜕皮。

3. 适时饷食

大蚕饷食适期，以群体全部蜕皮结束，头胸昂起表现求食状态，且大部分起蚕（90%以上）的头部色泽呈淡褐色时为标准，气温低时可适当推迟饲食，夏秋期气温高可适当提早饲食。给桑不能过早也不能过迟，及时饲食，由于起蚕的围食膜和口器尚未完善，加上蜕皮后皮肤较嫩，容易感染蚕病，对有害物质抵抗力较弱，饲食前应通风换气，对蚕座、蚕体进行消毒防病，15~20分钟后，开始给桑。5龄饲食用叶要比较软嫩、新鲜，给桑量约为上龄最大给桑量的80%，不要求充分饱食，以蚕吃光桑叶尚有求食行为为度，防止过分饱食损伤口器和消化器官。

（六）大蚕期的防病措施

大蚕对蚕病的抵抗力比小蚕强，但感染的机会比小蚕多。如蚕座中少数蚕感染发病，其尸体和排泄物中的病原容易扩散，造成二次感染，就会使大蚕尤其5龄后期大发病。大蚕期要做好以下防病措施。

1. 做好大蚕期的蚕室、蚕座、蚕体的消毒

除做好蚕前彻底消，蚕后立即消等综合消毒外，还应做好蚕期的蚕室、蚕座、蚕体的消毒，力争把病原控制在最低范围。4、5龄期蚕饲食前用3%有效氯漂白粉防僵粉或新鲜石灰粉进行蚕体消毒，可适当多撒些；每天撒石灰一次，潮湿天或发现病蚕则每天撒2次，注意撒石灰后马上喂叶，防止蚕吐水；湿度大时应进行一次硫黄柏丫熏烟；蚕室地面每次除沙后喷洒有效氯为1%的漂白粉液等进行消毒；经常用1%有效氯漂白粉药液对贮桑室地面进行消毒，也可用0.3%有效氯漂白粉液进行蚕体消毒。消毒方法是在除沙后和喂叶前，将配好的药液用喷雾器洒在蚕体上，以湿润为宜，喷洒要均匀、全面。同时，也要向空中和地面喷洒，消毒后，关闭门窗20~30分钟，然后开门窗，通风换气，在蚕座上撒入焦糠，加上蚕网，喂给喷过0.3%有效氯漂白粉液的桑叶。用漂白粉液喷洒后，应停止使用其他药物。喷药次数为4龄3~4次，5龄起蚕饲食前一次，以后每天除沙后一次，直到

上蔟。如果有蚕病发生，则每天喷 2~3 次，直到没有病蚕为止。另外，要注意药物浓度一定要准确。药液配好后，要静放 1~2 小时后，再取上部清液使用。

2. 坚持蚕期卫生制度

坚持"洗手"、"换鞋"制度，即入蚕室先洗手、采叶、切叶、喂蚕前洗手，除沙后要洗手，进入蚕室、贮桑室要换鞋。

3. 勤除沙，隔离蚕粪

大蚕食桑量大，排粪量及残桑量亦多，蚕沙较厚。大蚕蚕粪的含水率高，蚕座多湿，容易发霉，病菌滋生，增加感染的机会。因此，在蚕匾育、片叶育时，大蚕需要勤除沙，不论 4 龄和 5 龄，应每天除沙一次。地蚕育或蚕台育除沙比较困难，5 龄一般不除沙，可采用每日给桑前撒石灰粉、短稻草、菜籽壳等作为隔离材料，以减少蚕体与蚕沙的接触机会。

4. 及时淘汰不良蚕

4~5 龄蚕一定要做好分批提青，或青上提青，要处理好青蚕、眠蚕、起蚕，淘汰不眠蚕、迟眠蚕、弱小蚕，减少蚕体相互传染，保证每批蚕的健康发育。蚕期要经常仔细观察蚕座，发现弱小蚕或病蚕及时捡出集中于石灰盆或瓶后深埋，千万不要喂家禽。

5. 灭蚕蝇的使用

对蝇蛆病的防治有特效，使用方法有添食和喷体两种。详见本书第八章第二节家蚕非传染性病害及其防治。

6. 做好大蚕期限通风换气，稀饲薄养，良桑饱食，防病、防创伤的技术处理

遇高温、闷热、多湿天气，应昼夜打开门窗，加强通风和排湿。遇高温天气可采取搭凉棚、挂草帘、平顶房在屋顶遮盖阴物等措施降温。遇闷热多湿天气可增加石灰使用量，保持蚕室、蚕座干燥卫生。大蚕期还应注意因给桑不足不匀，造成蚕儿饥饿、

发育不齐。做到稀饲薄养，让大蚕吃饱吃好，良桑饱食；同时防止蚕座过密引起创伤感染发病，确保蚕体健壮发育。

第五节　夏秋蚕饲养

夏秋蚕期气候条件和叶质均比春季差，病源微生物较新鲜致病力强，很易引起蚕病暴发，且农药中毒和蝇蛆病等发生的几率也比春季大，稍不注意就可能给蚕农造成重大损失。因此，必须根据夏秋蚕的特点，认真细致地处理好各个环节，才能夺取夏秋蚕丰收。

一、夏秋蚕的特点

夏秋季养蚕可以从 6 月开始陆续养到 10 月，但夏秋各期蚕因气候和叶质等条件的不同而各具特点。

（一）气候特点

夏蚕和早秋蚕处在一年中气温最高而湿度较大的时期，很不适合蚕儿的生长发育。中秋气温逐渐降低比较适合蚕儿的生长发育。晚秋气温已显著降低，一般要加温饲养，温度也比较容易控制。

（二）桑树生长特点

桑树在 5 月底或 6 月初经过夏伐后，到 7—8 月气温最高时，生长旺盛，桑叶质量较好。入秋以后，各地天气差异较大，秋雨绵绵的地区，桑叶因雨水较多和光照不足而引起质量较差；干旱少雨的地区，中、晚秋壮蚕期叶质亦较差，桑叶老化快且桑叶含水量不足。此外，夏秋期桑树害虫多，有些害虫能发生和桑蚕同样的病，如桑毛虫、桑尺蠖、野蚕等害虫的尸体、虫粪含有大量的病原体，蚕若食下被污染的桑叶，也会传染发病。

（三）蚕病虫害发生特点

夏秋期随着养蚕次数的增加，病原数量积累增多，扩散面大，病毒新鲜且繁殖快，致病率高。蚕室、蚕具多次重复使用后，如果消毒不彻底，放松饲养管理，就容易感染发病。同时蚕儿处在高温多湿的恶劣环境中以及桑叶叶质较差的条件下，体质虚弱，抗病力弱，就比春季更容易出现各类疾病。夏秋期农作物及森林防治病虫害，大量使用农药，易污染桑叶；或因桑园治虫农药残效期未过，过早采叶，常造成农药中毒致死或引起微量中毒发生不结茧蚕。此外，多化性蚕蛆蝇和蚂蚁也较春期危害严重。

二、夏秋蚕饲养技术

夏秋各期蚕的生理特性和饲养操作过程与春期基本相同，但由于气候、桑叶等条件不同而要采取相应的技术措施。

（一）合理分批饲养

根据气象和桑树生长的特点，做到既能稳定蚕作，又能合理而充分利用桑叶，达到蚕茧稳产高产。夏蚕主要利用夏伐后的疏芽叶饲养，少采或不采秋条基部叶片，一般可在 6 月中下旬收蚁，饲养数量不宜过多，养量为春季的 20% 左右。秋季根据夏伐后桑树枝条在不断伸长，叶片不断开放、生长、成熟和硬化的特点，可分早秋、中秋、晚秋三批饲养。早秋主要利用秋条基部成熟叶，中秋蚕用叶应保留枝条顶端 5~6 片叶，以利光合作用的进行，充实越冬枝条。其余桑叶，可适当利用养晚秋蚕，早、中、晚秋蚕饲养的比例，可按照劳力、气象、桑树生长情况和叶质的变化来决定。目前河南基本不养早秋蚕，主要饲养中秋蚕及部分晚秋蚕。中秋蚕可在 8 月中、下旬分批收蚁，晚秋蚕可在 9 月中旬收蚁，每次养蚕都要有适当的间隔时间，以便进行彻底消毒工作和蚕室蚕具的调度。

(二) 选养优良品种

夏秋蚕因气候、叶质都不如春期，一般应选养体质强、抗高温、抗病力强的蚕品种是获得夏秋蚕稳产高产的一个重要措施。但中晚秋气候条件、叶质和蚕农养蚕技术较好的地区，可以适当选用多丝量蚕品种，以提高蚕茧的产量和质量。

(三) 调节气象环境

夏秋期气候差异大而且多变，不利于蚕的生长发育，蚕室温度应控制在30℃以下。如果室温超过30℃，则蚕室外必须搭凉棚，房上加覆盖物，开放门窗，加强通风换气。也可向蚕室的房顶或墙壁上喷井水，促使蚕室降温。因此，大蚕室宜选用高大凉爽，便于通风换气的房屋，蚕室四周栽植树木，搭凉棚，减少太阳辐射热。高温多湿时要加强通风换气，可利用风扇使空气流畅，加速蚕体水分的蒸发，降低体温；湿度重时，蚕座上宜多撒石灰粉或焦糠等干燥材料，并增加除沙次数；高温干燥时，可在室内墙壁和地面喷洒井水。夜间开放门窗，也可在室内蚕架上搭挂湿布，湿草帘或新鲜水湿叶，给全芽叶，增加给桑次数，必要时可在蚕座个喷雾清洁井水，都可降温补湿。如遇低温多湿，就在蚕室内增加热源，增加通气设备和通气次数，适当减少给桑次数，勤除沙，多撒石灰、青灰等吸湿材料；养好大蚕空气调节是关键，利用开放门窗、气洞和输风使空气对流，保持空气新鲜。但风力不能过强，更要避免直吹蚕体、蚕座，刚给桑时要停止通风，以防桑叶萎凋。

(四) 提高饲料质量

1. 加强肥水管理，提高桑叶产、质量

做好桑园工作肥水管理，特别是水分管理工作。在连续晴热一周以上，应对桑园进行灌水抗旱工作；对于不能浇灌的桑园，采用秸秆覆盖的办法进行抗旱，用秸秆覆盖在桑园地面上，以减少水分蒸发及增加肥效，促使桑树正常生长。雨水较多的季节还

要开通桑园沟系，及时排水防止桑树受洪涝影响。

2. 合理采叶

夏秋季因高温干旱，桑叶含水量低，易凋萎，蚕儿食下不易消化吸收。所以应坚持每天 6 :00—8 :00 采摘新鲜桑叶，松散摊放于阴凉、通风、卫生的专用贮桑室，防止蒸热，以保持桑叶新鲜；夏秋采叶除少量实行疏芽采伐以外，大多实行分段采片叶，采叶须留叶柄，保护腋芽，逐段采用。夏蚕主要利用疏芽叶和采摘枝条茎部的 3~5 叶。早秋蚕主要利用基部成熟叶，用叶量以不超过叶片数的 50% 为适当。晚秋大蚕期，可结合剪梢采叶养蚕，但仍然须保留枝条顶端 5~6 片叶，使其继续积蓄养分，防止冬芽秋发，促使枝条组织充实，以利越冬和来年春季芽叶的生长。

3. 抓好治虫工作，降低害虫危害

夏秋季桑园易受桑螟、野蚕、桑蓟马、红蜘蛛、桑毛虫、桑尺蠖、桑天牛等危害，因此，应进行有效防治，但要求留下用叶桑园，做到划片轮治，用叶时先试后吃，防止蚕儿中毒。夏伐后应尽快治虫保芽，要在夏伐后一周内用 30% 乙酰甲胺磷乳油 1 500 倍液进行光拳治虫，主治桑象虫。还应根据虫情对桑瘿蚊、桑尺蠖、桑螟、红蜘蛛等害虫用短效药如桑虫清、乐桑进行防治，桑天牛等可结合人工捕杀，控制危害。

（五）严格防病

实践证明，只要彻底消毒，就能有效控制蚕病，夏秋蚕消毒防病，要从严要求，贯彻全蚕期，做蚕前、蚕中、蚕后消毒防病工作。夏秋季养蚕前后，应彻底打扫蚕室及周围环境，清洗蚕室蚕具时先用药物毛消一遍，再打扫拆洗，否则会使大量病原飞扬或随水流失而扩散。清洗后，再用 1% 漂白粉澄清液、新鲜石灰浆消毒，若有僵病，消毒三天后，再用硫黄熏消；在饲养过程中，必须做到每天早上给桑前用防僵粉或鲜石灰进行一次蚕体蚕座消毒，发现病蚕要及时清理，投入盛有漂白粉溶液或石灰浆的消毒盆内，不可乱丢病蚕，禁用病蚕饲喂畜禽，以防止病原传播扩散，污染环境。夏秋季是蝇蛆病危害严重季节，应在蚕室安装纱门纱窗，防止寄生蝇入室。从四龄起蚕到五龄上蔟前，进行灭蚕蝇药物防治 4~5 次。上蔟采茧后应对所有养蚕场所、上蔟场所、蚕具进行就地消毒。应先消毒后再打扫清洗。另外应加强病死蚕、蚕沙的管理，病死蚕投入消毒缸集中深埋，蚕沙严禁摊晒或直接施入桑园，应集中腐熟后施入其他农田。

（六）严防药物中毒

夏秋季是农业生产上防治各种病虫害的重要季节。首先注意预防不良气体对桑叶的污染；其次是不能在农田使用含有杀虫双或菊酯类等农药，以免造成对桑叶的污染；为了避免附近农作物治虫喷药危害蚕儿，要及时关闭蚕室门窗；桑树除虫要采用既能防虫治病、残效期又短的农药，要有专用喷雾器，禁止与农田治虫喷雾器混用，蚕农施药后要洗澡换衣才能喂蚕或进行其他养蚕操作，药后采叶喂蚕时，可先采少量桑叶试喂，预防中毒。如遇轻微农药中毒，可用茶叶水、淘米水等淘洗蚕体或添食，以起缓解作用。蚕室内禁用蚊香或灭蚊、灭虫剂，在邻近蚕室的住房内使用，也要关闭蚕室门窗，以防蚕儿中毒。

（七）加强饲养管理

1. 领种、补催青和收蚁

发种、领种应在夜间或清晨气温低时进行，做到快装快运，途中防止高温，蚕种领回后可放在蚕室进行补催青，温度不超过 28℃，干湿差 1.5℃，并保护在黑暗中，夏秋蚕收蚁宜早，一般早晨 4 时感光，争取上午 8 时以前收蚁给桑完毕。

2. 稀放饱食，防止饥饿

夏秋期小蚕可采用和春蚕同样的防干纸或塑料薄膜覆盖。夏秋期温度高，蚕的生长发育快，应提前扩座，蚕头要比春蚕放的稀，用适熟偏嫩叶。大蚕期要做到三稀，即蚕架分布稀，架上放匾稀，匾内放蚕稀；做到三稀，有利于降温通气，使蚕儿充分饱食，掌握好给桑次数和数量，防止桑叶萎凋，残桑堆积。要勤除沙，勤蚕体、蚕座消毒。

3. 加强眠起处理，适时饷食

夏秋蚕眠起快，要注意提前扩好眠座，做好饱食就眠，早加眠网，提青分批，精养迟眠、迟起蚕，眠中安静。掌握眠中前期稍干燥，后期蚕室偏湿，防止干燥时造成蜕皮困难，眠起饷食要及时防止起蚕乱爬寻食消耗体力或啃食干叶，影响蚕体健康。

4. 严格提青分批，淘汰病弱蚕

迟眠迟起蚕不一定是病蚕，因为夏秋蚕期桑叶老嫩不均，容易造成发育不齐，同时由于气温高容易造成食桑不足饿眠，但病蚕往往在迟眠迟起蚕中发现。因此应严格提青分批，减少混育感染的机会，量多时单独饲养，量少可淘汰，淘汰蚕可放入石灰缸中，集中深埋。

5. 做好上蔟保护

上蔟营茧是养蚕生产的最后阶段，也是影响蚕茧产量和质量的最后一关。这个时期如果处理不当，即使蚕儿养得很好，也会结出劣质茧，达不到增加产量、提高质量的目的，因此，要做好蔟中保护。夏秋蚕上蔟应做到适熟、分批、稀上。夏蚕和早秋蚕做好蔟中降温排湿工作。晚秋蚕做好升温排湿工作，加强通风换气。夏蚕和早秋蚕采茧比春蚕提前 1~2 天，晚秋蚕采茧要根据化蛹情况而定。

第六节　昆虫激素应用

从植物中提炼的蜕皮激素，20 世纪 70 年代已开始应用于养蚕生产。蜕皮激素可以增产蚕丝，可以缩短龄期，促进老熟齐一，生产上可以根据当地当时桑叶的余缺情况而使用。

一、蜕皮激素的使用方法

（一）施药时间

蜕皮激素能使蚕的龄期缩短，促进老熟变态，当春用品种五龄见熟 10%，夏秋用品种见熟 5% 时添食蜕皮激素，能缩短龄期半天左右，老熟齐、登蔟快。过早添食影响产茧量缩短茧丝长、纤度变细。因此，饲育中必须做好提青分批工作，分批见熟，分批添食。在缺叶和发生蚕病的情况下，可以提早使用，促使蚕儿提前上蔟，以减少因缺叶和蚕病造成的损失。

（二）用药量

目前生产上应用的蜕皮激素，每克（或每片）含蜕皮激素 45mg，对水 2.5kg，充分搅匀，均匀喷洒在 20kg 桑叶上，边喷边翻动，使每片桑叶上都要拌上药液，喷完稍稍晾干后喂给一张种的蚕吃。

（三）使用方法

一般在傍晚时添食，第 2 天捉熟蚕，或早上添食，下午捉熟蚕为好，添食后约经 10 小时左右即可老熟上蔟。在添食蜕皮激素的当天内不要再添食或喷洒其他药物，添食蜕皮激素后，蚕儿老熟齐一，因而要及时准备好蔟具，组织好劳力，以免临时忙乱。

二、使用激素事项

（一）激素液切忌酸、碱、盐倾入，以防破坏有效成分

配药用水及施药的用具务必清洁无污染，以免蚕儿中毒或降低药效。

（二）配药浓度和用药剂量要准确

瓶内药液要充分冲洗干净，充分搅拌，使溶解均匀，激素配

液不可久放，以防腐败、变质、失效，要现配现用。

（三）激素的活性与温度有关

高于30℃或低于20℃时，其活性均会降低，因此施药时一定要先调节温度，以25~27℃施用为宜。

（四）合理施药

施用激素的蚕，在五龄起蚕时注意分批饲食，分批施药。掌握适时用药，保幼激素喷药过迟过多，会产生不结茧蚕造成损失；喷药过早或喷量不足，则增产效果不明显。

第七节　上蔟技术

将熟蚕收集到结茧的器具上吐丝结茧的技术处理过程叫上蔟，也称作"上山"。上蔟是养蚕最后阶段工作，是蚕茧丰产丰收的重要一环，也是决定蚕茧品质好坏的关键时刻，上蔟技术环节处理的好坏对蚕茧的产量和质量有很大的影响。

一、上蔟前的准备

上蔟是养蚕劳动力最集中的时候，工作非常繁忙。因此，在上蔟前应根据饲养蚕种数量，有计划的做好蔟室、蔟具等一切准备工作。

（一）蔟室准备

蔟室应选择地势高燥，便于补温、排湿、通风换气、光线明暗均匀的房屋为宜，一般每张蚕种需上蔟面积50m² 左右，即除了用养蚕的大蚕室作蔟室外，还需要准备其他房屋。当房屋不足时，进行室外上蔟，要搭棚屋，防止雨淋、日晒、强风直吹等，当时气温必须能够达到上蔟的目的温度。

（二）蔟具准备

蔟具是蚕儿赖以吐丝营茧的场所，其结构符合营造优质上等茧，是直接影响茧质好坏的重要条件。因此，上蔟前必须作好充分准备，选定蔟型，配备足够的蔟具数量。改进蔟具结构和运用结构较好的蔟具，是提高茧质的有效捷径。生产上常用的蔟具有方格蔟、塑料折蔟、草折蔟、蜈蚣蔟等，近年河南省农村大面积推广使用的主要是方格蔟。

1. 主要蔟具类型

（1）方格蔟。结茧位置固定，规格适宜，一蚕一孔结茧。蚕尿排在蔟片外，蔟中通风干燥，结构性能符合蚕吐丝结茧习性，以保证次下茧少、茧形完整、多横营茧、茧层厚薄均匀、解舒好、上车率达94%左右。能多次使用，消毒存放方便，上蔟省工省地，是一种提高茧质比较理想蔟具，只是加工复杂，一次性投资大。每蔟片156孔，按照入孔率为80%~85%测算，每张蚕种需180~200片（单片）方格蔟。

（2）塑料折蔟。具有通气好、结茧位置均匀、蚕多横营茧、上车率达到80%~90%、采茧方便、能多次使用，每蔟能放熟蚕350~400头，每张蚕需50个。使用时放在匾内，每匾一个蔟或搭加铺箔，箔上垫纸，蔟的两头用绳固定，以免缩在一起，保持峰距10cm。

2. 方格蔟的准备

（1）新方格蔟异味的清除。新方格蔟一般都有很浓的异味，易引起熟蚕到处爬，迟迟不营茧。最好在上蔟前，对方格蔟进行暴晒，也可以用老桑叶切碎加水搓成汁过滤或用白酒加水对方格蔟进行喷雾，或将方格蔟用蚕沙覆盖堆埋一天，三种办法任选一种；目的是排除异味，便于熟蚕尽快入孔吐丝结茧。

（2）蔟片的捆扎。蔟片的捆扎有两种方式。一是单联蔟片的捆扎。用细铁丝在方格蔟的两个长边上各绑上1根木条或竹片，两端长出10~15cm，每边捆扎4处，即成一个"搁挂式单联方格蔟"。二是双联方格蔟的捆扎。并联是将两片方格蔟蔟片的短边框按同向收拢的方向用细铁丝捆扎连结，再用木条或竹片两根，分别绑在连体的方格蔟长边上，两端长出10~15cm。这种双联蔟适合活动蚕架的自动上蔟。竖联：将两片方格蔟的长边用扎丝连在一起，在方格蔟的长边上绑上木条或竹片，两端长出方格蔟10~15cm。这种双联蔟适合蚕架稀的固定蚕架，也可以自动上蔟。注意不管哪种联法，木条或竹片都要顺方格蔟长边绑，使蔟孔横向，杜绝竖营茧影响茧质。

（3）搭搁蔟架。选择地势较高、空气流畅、光线均匀的房屋作上蔟室，大蚕室也可兼作蔟室；在室内搭好蔟架，蔟架可视养蚕数量和房屋条件而定，可以一层，也可以二层、三层，底层搁架离地50cm，蔟架两头应与墙壁间隔10cm以上。蔟架下面用塑料薄膜或编织袋铺在地面上，再在上面放少量稻草，以防蚕儿跌落时受伤。养蚕架改为搁蔟架要隔行抽掉一根竹杆，最低层离地面50cm，视养蚕数量而定，可以搁挂2~3层，上下层间隔距离50cm，以蔟片可任意搁拿为原则，搁挂时两蔟片间应相距10cm以上，不可过近，否则蚕儿会在两蔟片间营茧。

二、上蔟技术处理

（一）上蔟适期

适熟蚕上蔟，蚕能及时吐丝结茧，吐丝量多，茧质优，产茧量高。上蔟过早，则未熟蚕（俗称青头蚕）不能及时吐丝结茧而在蔟具上到处爬行，并排泄大量粪尿，造成蔟具、蔟中环境的污染，增多黄斑茧等下茧；同时由于蚕食桑不足，造成吐丝量减少，使全茧量和茧层量减轻，茧层率降低，蔟中死蚕和薄皮茧增多，结茧率和上茧率均降低。上蔟过迟，由于过熟蚕在上蔟前徘徊吐丝而损失丝量，蚕老熟过度，行动滞缓，选择合适营茧位置的能力减弱，易产生双宫茧、柴印茧、畸形茧和薄皮茧。严重的过熟蚕甚至会失去吐丝机能而成为不结茧蚕。在生产上要做到适熟上蔟，在开始见熟蚕时，要随熟随捉，先熟先上蔟；到大批蚕儿进入适熟时，可以先把少数未熟蚕拾出，另行给桑，余下的适熟蚕就可以一齐拾取上蔟。

（二）上蔟密度

上蔟密度是否适当与茧质有直接关系，上蔟过密，营茧位置少，湿度增加，双宫、紫印、黄斑茧等次、下茧增多，茧质下降，影响解舒和出丝率；如果上蔟过稀则需要蔟室和蔟具都相应增多造成浪费。合理的上蔟密度，既包括蔟具上的密度要适中，又包括蔟室内的上蔟熟蚕总量要适中。所谓密度适中是指既能充分利用蔟具和蔟室，又能有利于保护茧质。熟蚕上蔟要掌握的适当密度是方格蔟一般每只蔟片上熟蚕130头左右，要求进孔率达到80%~85%。如果采用自然上蔟法，入孔率在75%~80%为适中，以便于全部熟蚕入孔，有利于节省上蔟劳力。方格蔟的搁挂层次，以不超过3层为宜。蜈蚣蔟每平方米上熟蚕450头左右，折蔟每平方米上熟蚕350~400头。

（三）上蔟方法

1. 人工拾取法

由人工逐头拾取适熟蚕，收集到一定数量后及时送到蔟室，均匀投放在蔟具上。此方法能做到适熟上蔟，但很费劳力，特别在高温时，蚕老熟齐涌，要组织好人力及准备好蔟具，同时上蔟动作要轻，以防损伤蚕体。折蔟和蜈蚣蔟按标准数量撒到准备好的蔟具上。方格蔟先将蔟片按10个一叠分放成三堆或四堆，然后捉熟蚕，集中到一定数量，再分次投放到每堆最上层蔟片上。若是单联蔟片，每片投放熟蚕150头左右；若是双联蔟片，每副投放熟蚕300~310头待蚕爬稳后，按放蚕先后次序，将蔟片轻轻拎起挂在蔟架上。

2. 自动上蔟法

利用熟蚕向上爬行的习性，在蚕座上直接放置蔟具，让熟蚕自动爬上蔟具结茧。本方法省力而工效高，但难以全部让蚕都能适熟上蔟。实际生产操作上一般要做到以下几点。

（1）促进熟蚕齐一。自动上蔟要求熟蚕齐一，措施是在大眠时进行提青，分批处理，5龄分批饷食、喂养。蚕座要稀，给桑均匀。

（2）整平蚕座。条桑育大棚养蚕熟蚕前1天改喂片叶，促使蚕座平整、无空隙。

（3）添食蜕皮激素。给蚕添食蜕皮激素，能促使蚕老熟齐一，上蔟集中，提高上蔟入孔率，节约劳力和桑叶。但使用蜕皮激素时必须注意用药时间和每张种的具体用药量及配比浓度，按产品的使用说明进行配比使用。否则，会影响蚕茧产量和品质。因此给蚕添食蜕皮激素应掌握添食时间和方法。春蚕、中晚秋蚕，以蚕见熟5%左右为上蔟标准。即上蔟前一天晚上给蚕添食蜕皮激素，添食后8~12小时，蚕大批老熟，可缩短龄期半天左右。夏蚕因气温高，蚕往往吃叶不足，成熟结茧快，不宜使用蜕皮激素。遇自然灾害，可提早使用蜕皮激素。缺一天叶，可提早2天添食；缺半天叶，可提早1天添食；5龄期蚕发病，可适当提前添食，使蚕尽快结茧，减少损失。使用时要按饲养蚕种量备好桑叶和药物。用量与本章第六节相同。

（4）集中蚕头。在大批蚕熟前采取加网抬蚕的方法，将原有蚕座合并为16m²，合并后的蚕座宽度可根据并联方格蔟或竖联方格蔟的边长为准，使蚕头分布均匀。

（5）使用登蔟剂。当熟蚕达到70%以上时，在蚕座上撒布或喷洒登蔟剂。然后在蚕座上补给少量的粗切桑叶，使未熟蚕继续进食，促其尽快老熟。月桂醇、鱼腥草等有特殊的气味，熟蚕对此类药物的气味有避忌反应。生产上可以利用这些药物促进熟蚕上蔟。

①月桂醇法。取1mL月桂醇加2mL 70%酒精溶解，再用3g

滑石粉制成原粉。使用前用 1 份原粉掺 20 份滑石粉或干细土或草木灰制成粉剂。在 60%~70% 蚕老熟时将配制好的粉剂按 45g/m² 的用量均匀撒在蚕座上（每张种约需粉剂 1.5kg）。②鱼腥草法。取 500g 鱼腥草加水煮成 1.5kg 汤液。在 70% 蚕老熟时，将放凉后的汤液直接喷布在蚕座上，立即放上蚕蔟，对熟蚕上蔟也有较好的促进作用。

(6) 蔟片平铺。自动上蔟法使用登蔟剂后喂 1 次粗切桑叶，然后将方格蔟直接平铺在蚕座上，熟蚕自动爬上蔟片，待熟蚕密度接近蔟片孔数时，提起蔟片挂于蔟架上，最后拾去少量晚熟蚕上蔟。注意，蚕爬满后及时提蔟，方格蔟不要长时间放在蚕座上，一般不超过 30 分钟。

3. 振落上蔟法

先人工拾取始熟蚕，待蚕大批成熟时，用枝条或大蚕网放在蚕座上，吸引大批熟蚕爬上，再取出枝条或蚕网，将熟蚕振落在蚕匾或塑料薄膜上，然后再收集撒放到蔟具上。本方法简便工效高，但易损伤熟蚕体，条桑育可直接取出桑条以振落熟蚕。

(四) 方格蔟室外预上蔟

家蚕上蔟工作繁忙，劳力紧张，尤其使用方格蔟给蚕结茧，花工较多。方格蔟上蔟前都应进行预上蔟。

1. 室外预上蔟的好处

(1) 熟蚕入孔速度快。熟蚕避光，因室外光线明亮，迫使蚕提前 6~8 小时钻入孔内结茧。

(2) 减少上蔟用工。室内上蔟开始采取黑暗保护，熟蚕迟迟不入孔，在蔟片上往往频繁爬动，需翻蔟 2~3 次，饲养 1 张蚕种 1 人翻蔟需两个多小时，而室外预上蔟，方格蔟从室外取回室内不必翻蔟，节省了翻蔟用工。

(3) 病原减少。由于病死蚕和蚕粪尿大多脱落在室外，减轻了对蚕室的污染，室内病原减少，有利蚕作安全。

（4）提高蚕茧质量。室外预上蔟，因熟蚕粪尿大多排泄在室外，降低了蔟室湿度，同时室外空气流通，简易蔟棚的小气候适宜熟蚕结茧，提高了茧质，上茧率、解舒率、出丝率均高于室内上蔟。

2. 搭简易蔟架

在蚕室周围或树阴下搭好蔟架，蔟架可视养蚕数量和相关条件而定。可在室外放两张长凳，或在长凳上放 4~5 层砖，将两支竹竿或木棍搁放在长凳或砖头上，以利搁挂方格蔟。如养蚕数量较多，则可按结扎两片方格蔟的宽度在地面对称挖 4 穴，每穴埋入一根立柱，搭一层或二层简易蔟架，底层搁架离地 50cm。蔟架下面用塑料薄膜或编织袋铺在地面上，再在上面放少量稻草，以防蚕儿跌落时受伤。

3. 上蔟方法

将熟蚕搬至简易蔟架旁，地面打扫干净，摊放塑料薄膜，将 8~10 片方格蔟平放在薄膜上，依次投放熟蚕。待熟蚕在方格蔟上爬散后，逐片提起方格蔟搁挂到竹竿上，蔟片与蔟片间距 8~10cm。阳光过强，可用蚕匾、蚕帘等物遮盖于版棚上部。当日傍晚熟蚕基本入孔结茧，将方格蔟取回室内搁挂，按蔟中环境要求进行保护。

4. 注意事项

一是上蔟前预先在室外搭好蔟架，以利及时上蔟；二是熟蚕基本入孔后，应将方格蔟取回室内，切忌数日搁挂在室外，否则会形成多层茧或薄头茧，降低茧质；三是遇大风或下雨天气，迎风而及两侧用蚕匾等物遮挡，用塑料薄膜遮盖蔟棚，雨后揭膜；四是防止蛤蟆、家禽、鸟类等侵害蚕；五是简易蔟架拆除后，应及时打扫，铲除表土，或用清水冲洗，防止病原带入室内；六是使用新方格蔟给蚕结茧，熟蚕宜偏老。

三、蔟中保护

从上蔟到采茧这一时期的保护，称为蔟中保护。蔟中保护环境与蚕儿营茧状态和茧丝品质有着非常密切的关系。若蔟中环境不良，往往会使蚕茧解舒困难，生丝品质下降。特别是对营茧吐丝期影响更大，因此，要掌握熟蚕上蔟结茧的规律创造适宜的环境，提高茧丝质量。

（一）及时翻蔟清场

及时翻蔟清场是上蔟技术的重要环节。蔟片搁挂经 3~4 小时后，当一部分蚕集中爬在蔟片顶部时，将蔟片上下翻个身，有利于提高入孔率。这样翻蔟 2~3 次入孔率可达 90% 以上。室外预上蔟的，方格蔟从室外取回室内不必翻蔟。上蔟一昼夜后，绝大部分的蚕儿已吐丝结茧。但仍有极个别蚕儿不吐丝结茧，在蔟上徘徊，这种不结茧蚕称为游山蚕。游山蚕排粪、排尿，极易污染其他蚕茧，对茧质危害最大。因此，应在上蔟次日当大部分蚕已进孔营茧并形成茧形后，将游离蚕及时捡出另行上蔟，一般春蚕在上蔟后 24 小时，夏秋蚕在 12~18 小时清场为宜；如果是自动上蔟，在大部分熟蚕定位后要及时清除蚕沙。

（二）做好温度调节

蔟中温度主要影响蚕的营茧速度和茧丝质量。在合理的范围内，温度高吐丝快，温度低吐丝慢。温度过高过低，对解舒的影响都很大。若温度过高，则使熟蚕急于营茧易增多双宫茧，茧层疏松，缫丝困难，同时死笼茧和烂茧增多。如果温度过低，则营茧缓慢，化蛹也迟，蔟中时间延长，且茧色不良，茧丝纤度偏粗，又容易增加不结茧蚕。蔟中合理温度，在上蔟初期保持在 24.5~25℃，结茧后期保持在 22~24℃，在低于 22℃ 时一定要升温。

（三）加强通风排湿

一般熟蚕在上蔟后到吐丝终了期间，有相当于体重 40% 左右的水分发散。这些水分大部分集中在上蔟后 2~3 天中发散，因而造成蔟室过湿。一般在上蔟初期不宜强风直吹，以防熟蚕向一方密集。上蔟 1 日后，蚕已基本定位营茧，应开门窗通风换气（气流速度 0.5~1m/s），或使用电风扇等进行人工通风排湿，蔟中湿度控制在 75% 以下，以提高蚕茧解舒率，减少死笼率。如雨天温度低时，最好升火排湿。如遇高温阴雨天气，要在蔟室内安装排风扇进行排湿。关门结茧，对解舒危害最大。总之，蚕儿吐丝结茧期间要保持清洁干燥的环境。

（四）保持光线均匀

熟蚕对光线敏感，表现为背光性。蔟室光线明暗不匀，则熟蚕偏密于暗处，局部密度增大，双宫茧增多及茧层厚薄不匀。蔟中光线太亮，则蚕集结于蔟底下，下茧增多，茧色不良。因此，上蔟室要求光线均匀，防止偏射光和阳光直射，以自然分散光线较为宜。

四、采茧与售茧

（一）适时采茧

采茧过早，蚕尚未化蛹，俗称毛脚茧。蚕茧含水率高，鲜茧堆放很快会发生蒸热，影响茧质，且烘茧时不易烘得适干均匀，烘折大于正常化蛹茧。采茧过迟，若有蝇蛆寄生的不及时烘死，便会变为不能缫丝的蛆孔下茧。蛹的皮色变化过程，是判定采茧适期的主要参考依据。即采茧适期一般应在蛹皮呈黄褐色时为适当。一般春蚕上蔟后 7~8 天，夏、中秋蚕 6~7 天，晚秋蚕 8~9 天为采茧售茧适期。应根据当时的气温和蛹体皮色灵活掌握。采茧应先上蔟的先采摘，轻采轻放，将蔟中污染茧、烂茧、病死蚕尸体拣起集中烧毁，切勿乱扔造成病原传播。使用方格蔟的可以

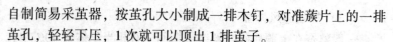

自制简易采茧器，按茧孔大小制成一排木钉，对准蔟片上的一排茧孔，轻轻下压，1 次就可以顶出 1 排茧子。

（二）选茧与出售

采茧时应根据丝纺工业的工艺要求，将茧分成上茧、次茧、下脚茧三大类。上茧是指茧形正常匀整、茧色洁白、缩皱均匀、可缫制高等级的茧丝；多层茧、薄头茧、毛脚茧、僵蚕茧、轻紫印茧、轻黄斑茧都是属于次茧，次茧缫丝影响缫折，影响缫丝量和生丝质量；双宫茧、烂茧、死笼茧、柴印茧、穿头茧、重黄斑茧、绵茧、薄皮茧、畸形茧等均属于下脚茧。这类茧不能缫丝，一般可作绢纺原料。

将上、次、下茧分类堆放，尤其是印烂茧要选除干净，以免污染好茧。如采下的茧当天来不及出售的，应把鲜茧薄摊在蚕匾内或芦帘上，以免发生蒸热。

出售鲜茧运输时将茧装在竹篓或筐内，切不可用不透气的塑料袋或编织袋、麻袋等装茧，避免蚕蛹闭塞呼吸和水分蒸发，蚕茧潮湿蒸热或积压烂蛹而使蚕茧变质。为防止鲜茧在运输途中发生蒸热，最好在装茧的容器（箩筐）中插入透气竹笼或放入一把干稻草，以利通气散热。鲜茧切忌用塑料袋盛装。装茧和运输途中，动作要轻，尽量减少震动，同时还要防止日晒和雨淋。

五、回山消毒

回山消毒是蚕期结束后对蚕室、蚕具、蔟室、蔟具及其环境进行的一次消毒。由于蔟中病死蚕及蚕粪中病原数量最多、最集中、致病性最强。因此抓好回山消毒，对于有效减轻蚕病危害，确保蚕期养蚕安全，具有十分重要的意义。

（一）蚕室、蔟室的消毒

在采茧后对室内的地面、天花板、四壁及门窗进行清扫、清洗，把污物去净，晾干后用 1%有效氯漂白粉液进行喷洒。喷洒消毒后保持湿润 30 分钟以提高消毒效果。也可用福尔马林进行密闭熏蒸，对于发生过脓病的蚕室、蔟室墙壁四周还要用 20%石灰浆再粉刷一遍。

（二）蚕具消毒

利用晴天，将蚕匾、门帘及拆除后的蚕架等各种蚕具放在清水中清洗后晒干，再用 1%有效氯漂白粉液喷洒，晾干后集中于蚕室妥善保管，塑料薄膜、塑料网用 1%有效氯漂白粉液浸渍，清洗干净后晒干保存，线网要用开水煮沸消毒，洗净晒干后保存。

（三）蔟具消毒

对已损坏无使用价值的蔟具应及时烧毁，对有使用价值的蔟具除去浮丝，在清除蚕粪、病死蚕等杂物后再消毒，然后在阳光下晒干贮藏，待下期再用。

1. 清除废丝

（1）火烧法。将方格蔟直接在火苗（用木材燃烧或用小型喷火器）上来回移动，便可将废丝烧掉，注意蔟具不要在火苗上停留过久，防止蔟具着火。特别要注意方格蔟烧后应摊开散热 24 小时后再贮藏，否则很易引起火灾。近几年省内有多家蚕农因此发生火灾，损失巨大。收藏时将蔟片收拢打捆，存放高燥处。

（2）手电钻法。①工具。小型手枪电钻一把，功率 250～300W，转速 2 500r/min。配直径 4mm 铁丝一根，长 30cm，装在钻夹头上用于吸浮丝。削刀一把，当浮丝在铁丝上绕到一定粗度时用刀削去。②将蔟片在日光下晒干后，按 20 组一排敞开平放在两张条凳上。③将铁丝装在手电钻夹头上，调减至电钻工作时铁丝成一线不扭曲为度。④接通电源 220V。⑤操作人员手握电钻，先将铁丝平放在方格蔟之上，然后开通电钻手柄的电源；初运转时浮丝少的地方吸不上来，应先吸浮丝多的地方，待有少量浮丝绕上铁丝后，很快就可以依次将浮丝吸干净，一面吸净后反过来再吸一下，个别孔可将铁丝头伸入吸取，这样在很短的时间内可完全将一组蔟具的浮丝吸干净。一般清除 3~4 组蔟片后，用削刀削去绕在铁丝上的浮丝，否则吸力减弱。⑥具有省工省力，干净彻底，不伤蔟具等优点。

2. 消毒

方格蔟除浮丝后选择晴天用福尔马林进行熏消，在室外水泥地或地上铺塑料薄膜，用福尔马林：水＝1：9，稀释后喷洒方格蔟稍湿，再用薄膜覆盖密闭，提高温度和湿度，日晒 4 小时以上，第 2 天揭开薄膜晒干方格蔟，即可收藏。

（四）蚕室、蔟室周围环境的清理、消毒

在养蚕过程中不可避免的有蚕沙等蚕的排泄物及病死蚕尸体遗落在蚕室、蔟室周围的环境中，对养蚕安全造成威胁。因此在清扫蚕室、蔟室的同时，还要把周围环境一并清扫干净，再喷1%有效氯漂白粉液进行消毒。

（五）蚕沙的处理

蚕沙是由残桑、病死蚕及蚕粪构成的垃圾污物，其中含有大量的病原，是蚕病的主要传染源。蚕沙处理不当往往是造成蚕病重复感染乃至暴发的重要原因，生产上通常在离蚕室、蔟室、桑园较远且下风处挖坑深埋，沤制堆肥，经过发酵腐熟，杀死病原后才可作桑园施肥。

第八节　不良茧形成原因及防止方法

一、不结茧蚕发生原因及防止方法

在正常情况下，蚕老熟后即吐丝结茧。但生产上常常发生有些熟蚕不吐丝，上蔟数天后便死亡，或吐出少量的丝而不结茧，变成裸蛹，极少数能羽化成蛾。产生不结茧的主要原因有微量农药中毒、发生蚕病、生理上的不健全、环境不良、蚕品种的关系及机械损伤等。

在蚕的饲养过程中，接触微量农药，使蚕的中枢神经麻痹，造成吐丝机能发生障碍，往往发生不结茧蚕。五龄期接触农药的机会较多。蚕病主要是脓病、软化病和微粒子病等病菌在蚕体内大量繁殖，吸取营养、影响了蚕的发育和丝腺的分泌机能。病菌在蚕体内产生大量代谢物质，使蚕的中枢神经麻痹，失去吐丝机能。饲育中温度过高，叶质过嫩，内分泌腺失调，引起丝腺发育异常。蔟中高温多湿的情况下，不结茧蚕增多；蔟中低温使吐丝时间过长，也会促使不结茧蚕的发生；饲育中接触了煤气、大蒜、酒精、氨气、甲醛等不良气体都会引起丝腺发育异常而成不结茧蚕；生理上由于吐丝机能发生障碍亦产生不结茧蚕。蚕品种间不结茧蚕的发生也有较大的差异，一般多丝量品种不结茧蚕多。此外由于上蔟动作粗放，丝腺破裂，影响吐丝而造成不结茧蚕；使用保幼激素、蜕皮激素过量也会发生不结茧蚕。

总之，通过防止蚕农药中毒及接触不良气体，加强消毒防病工作，给蚕提供一个良好的生长环境。做到良叶饱食，选育优良品种等措施，就能防止不结茧蚕的发生。

二、不良茧的形成和防止方法

1. 双宫茧

由两头蚕共营一个茧，叫双宫茧。因熟蚕过熟，蔟峰分布不匀，上蔟过密，光线不均匀，温度过高，强风直吹而形成。避免阳光直射和强风直吹、蔟中温度过高、上蔟过密、过熟可以防止。

2. 柴印茧

在茧层上印有蔟峰痕迹，称为柴印茧。因蔟峰过密、上蔟过密、结茧位置狭小而形成。通过改良蔟具和勿过密上蔟可防止。

3. 黄斑茧

被熟蚕排泄的粪尿或被烂茧所污染的茧称黄斑茧。因生熟混上，上蔟过密，湿度大，蔟室无对流窗而形成。避免生熟混上，加强蔟中通风排湿，不过密上蔟可防止。

4. 畸形茧

凡茧形特殊，而成畸形的称畸形茧。因上蔟过密，蔟峰分布距离过狭，微量农药中毒而形成。蔟峰排列均匀，防止过密和接触农药可防止。

5. 绵茧

茧层胶着力小，缩皱不明而呈轻浮状态，称绵茧。因蔟中高温干燥而形成。控制蔟室温度，防止蔟室过分干燥可防止。

6. 穿头茧

在茧的一端或两端，茧层极薄以至穿孔的蚕茧，称为穿头茧。因光线直射，偏光所致。光线均匀，不偏光可防止。

7. 薄皮茧

茧层很薄，弹性微弱称薄皮茧。因食桑不足，叶质差，蚕体虚弱，上蔟过迟而形成。5龄蚕充分饱食，及时上蔟减少发生。

8. 内印茧

茧层内有蛹汁及病蚕留液污染，称内印茧。因采茧过早和粗放采运而形成。通过适时采茧，采茧要轻采轻放，运输防止剧烈振动可防止。

9. 霉茧

茧层滋生霉菌孢子所致。有曲霉、赤霉、绿霉等。由低温多湿、雨淋，蔟室、蔟具湿度较大所致。升温排湿，防止雨淋，保持蔟室、蔟具干燥可防止。

10. 死笼茧

蚕在营茧的过程中病死在茧层内形成死笼茧。因上蔟过密、通风不良，蚕在上蔟前期已带病或中毒所致。保持蔟室空气良好，上蔟不偏密，加强饲养管理，做好消毒防病工作可减少发生。

第七章　省力化养蚕技术

省力化养蚕是指依靠蚕桑科技进步，以优质、高产、高效、省力、低耗为目标，建立省力化养蚕技术及相关体系，从而达到蚕桑生产可持续发展并朝着产业标准化方向发展。省力化养蚕技术通过改进生产方式和生产工具，减少劳力投入量，提高生产效率，降低人为因素带来的失误与风险，同时又能有效降低成本、改善饲育环境，因此推广省力化养蚕技术，是降低蚕业风险、实现蚕业可持续发展的关键。推广省力化养蚕技术有利于实现养蚕业规模化经营，增强养蚕业的相对竞争力。

第一节　小蚕共育技术

小蚕共育是把一定数量的小蚕集中起来由相关单位组织专业人员饲养或由蚕室设备齐全、有相应桑园面积和技术过硬的养蚕户饲养，到 3 龄第 2 天（或 4 龄起蚕第 2 次给桑）后再分给其他蚕户饲养的一种养蚕形式。小蚕集中饲养有利于消毒防病和小蚕护理，可使蚕体强健好养，能有效防止蚕病发生，达到稳产高产的目的。同时，小蚕共育可节省劳力、房屋、用具、燃料及消毒药品等，从而降低养蚕成本，增加蚕农收入。另外，共育户也是传播科学种桑养蚕的重要阵地。因此在农村应大力提倡小蚕共育。

一、小蚕共育的优点

小蚕共育是适应农业产业化的一种组织形式，能更好、更有效地解决千家万户饲养小蚕的经验和技术以及相关设备和劳力不足的问题。

（一）有利于消毒防病，确保蚕座安全

小蚕对病原抵抗力弱，易感染蚕病。尤其是1、2龄蚕被感染后，发病率极高。俗语"小蚕见一面，大蚕死一半"。据调查，目前农村蚕病危害面积占70%，死亡率占15%以上，有的蚕户甚至颗粒不收，严重影响广大蚕农发展植桑养蚕的积极性。实行小蚕共育后，采取集中饲养，专人管理，蚕室、蚕具、环境消毒措施到位，药液浓度配比准确，用药充足，喷布全面均匀，消毒彻底，可以有效的控制蚕病发生，为养好大蚕，夺取蚕茧丰收打下基础。

（二）便于技术指导和实行科学养蚕，增强体质

小蚕饲养时间短，技术性强，需要一定的温、湿度和较高的桑叶质量。实行小蚕共育，可在较大范围内选配有技术、有经验、责任心强的人员，统一技术处理，严格贯彻技术操作规程，实行科学养蚕。在温湿度、空气和营养等方面都为小蚕生长发育创造良好的条件，有利于增强蚕的体质；同时小蚕共育蚁量集中，便于技术指导和推广先进经验，提高科学养蚕水平。

（三）蚕头足，保苗率高

小蚕共育的蚕种补催青技术处理好，严格掌握温湿度标准和黑暗保护，蚕种孵化率高，收蚁整齐，蚕卵和蚁蚕遗失率低；同时在小蚕饲养中，设备齐全，技术操作到位，每张蚕种不低于24 000粒，为实现蚕茧稳产、高产打下坚实基础。

（四）成本低

小蚕分户饲养，桑叶、加温设备、劳力、用具和消耗的物品

小而全，增加了养蚕成本。实行小蚕共育，采用标准化饲养，保温条件好，处理到位，蚕整体发育快而齐，经过时间短，蚕头损失少，可提高蚕室、蚕具和各种消耗物品的利用率。生产实践证明，小蚕共育具有"三省、三高"的效果，即省人工、省桑叶、省投资，单张产量高，蚕茧质量高，蚕农经济效益高。

二、小蚕共育的形式

根据共育的特点，分为联户共育和集体共育两种形式。

（一）联户共育

在蚕农自愿结合的基础上，选择房屋条件好、周围环境相对清洁、劳力比较充足、养蚕技术高的蚕户，原有房屋适当改造，使之达到保温、保湿、消毒便利的要求，其他蚕农把蚕种集中到该户，各自提供蚕具（蚕架竹杆、蚕框、蚕网、防干膜）；共育期间各自派出劳力，自备桑叶；统一收蚁或分户收蚁，每日饲养结束后轮流值日；按标准统一饲养到3龄后分蚕到户。消毒药品及日常消毒工具、水电、控温设施等费用分摊。

饲养规模一般在20张以内，户数不宜多，控制在10户以下。一般适宜老蚕区或蚕农养蚕技术掌握比较到位的蚕区，不会出现大面积的农药中毒或蚕病。但不利于工作协调、蚕农在一起矛盾比较多，蚕儿发育整齐度要差些，不利于及时淘汰迟眠蚕。这种共育管理形式要加强对共育户的培训工作，提高共育户的专业水平与合作共事的素质。

（二）集体共育（小蚕共育公司）

小蚕专业化饲养是在原来联户小蚕共育基础上的一个进步，小蚕专业户利用自己的技术和管理经验专养小蚕出售给大蚕户，把养小蚕作为一种经营项目，实行企业化经营。经费采取单独核算，管理上实行自负盈亏，实现利益调配、利益联接，小蚕户、大蚕户都省了养蚕工时，由过去的养一期蚕需22~25天，现

在只需 10～15 天，节省了大量的时间，张种产量比原来提高
20%以上，实现互惠双赢的良性发展。这种产业化的形式可以解
决务工、经商和养蚕兼营户的小蚕饲养问题，有利于蚕业的快速
发展。

三、小蚕共育应具备的条件

（一）共育人员素质

选用技术熟练、工作认真负责的专职共育人员。共育室工作
人员要有一年以上饲养桑蚕的实践经历，技术熟练，掌握一般常
见蚕病的特征及防治措施；有高中以上文化、身体健康、肯钻研
和学习先进技术，负责任、勤奋、工作踏实、能联系群众，有诚
信作风。

（二）共育人力

视共育员共育技术熟练程度，饲养 15～20 张蚕种小蚕至 3
龄第 2 次给叶应有一个劳动力，饲养至 4 龄第 2 次给叶应有两个
劳动力。

（三）共育设施

1. 共育桑园

小蚕专用桑园要远离农田，不能靠近排放废气的工厂、砖瓦
窑、石灰窑，要根据小蚕用叶的特点加强桑园的水肥（以复合
肥、有机肥、生物肥为主）及除虫等管理，保证小蚕用叶的质
量。共育 50 张蚕种至 3 龄第 2 回叶，应具备土地条件较好的专
用桑园 1.7hm²，共育至 4 龄第 2 回叶需要专用桑园 3.3hm²。

2. 共育室

（1）共育室面积。每 10 张种需共育室应设有不少于 30m² 的
饲育室、不少于 5m² 的催青室及不少于 10m² 的贮叶室。

（2）共育室的选址。共育室应选在养蚕户较集中的蚕区，
但应避开蚕户养蚕室较集中的地段。选择周围环境干净、空气新

鲜无污染的独立的地方建立。应远离大蚕室、上蔟室，不靠近农田、果园、畜舍以及排放毒、废气、废液的工厂和烟叶地等。周围环境一定要能做到经常消毒，进入共育区大门设立消毒池；蚕沙坑不能设在共育室窗外上风处，以免病原被风吹带回蚕室内。

（3）共育室的建设。共育室应以长方形设置，地面、墙面、天花板要求六面光。蚕室应开南北对流窗、地脚窗和采光窗，保持蚕室空气良好，光线均匀；内置加温补湿设备，可保温保湿；小蚕室屋顶及屋前屋后应设置遮盖物遮阳。同时要有一定面积的贮桑室和附属室。

3. 共育所需物料

一般情况共育到三眠起，每张种需要桑叶春季30kg、夏秋季25kg。每个共育人员承担5张饲养量，每l0张种备蚕箔80~100个，木炭100kg或蜂窝煤300块，塑料薄膜160块（与箔大小相同），小蚕网160~200个，药箩、焦糠筛、手动喷雾器1个，切桑刀一把，石灰30kg，漂白粉3kg，甲醛溶液5瓶，毒消散1包，小蚕防病一号10kg，氯霉素40支，焦糠15kg，有单独的贮桑室。

（四）组织管理

若共育室的饲养量较大，在共育前先进行业务培训学习和技术操作训练。在管理上要分组，责任到人，人员分工要明确，各负其责。做到专用蚕室、专人饲养、专用蚕具，专人监督，并制定共育室技术操作细则和奖罚措施。保证每项技术要求及消毒防病工作的实施。

采叶当面秤量，记账准确，不损群众利益。蚕匾由各共育人员自己解决，桑叶由参加共育的户按张数多少负担，共育人员根据蚕儿发育情况进行采摘或由共育户采摘送到共育室。蚕种收蚁后按照1张、0.75张、0.5张、0.25张的份数分别进行编号，饲育过程中虽然匾数较多，但编号固定不变，每张种1龄2箔，2

龄4箔，3龄8~10箔。共育到二眠起（3龄）或三眠起（4龄）发蚕，发蚕采取抽签的办法，对号取蚕。定好合理的共育费标准。共育费可根据当地工价和共育张数进行商定；也可实行小蚕共育商业化运作。小蚕共育投资多，技术性强，风险大，所以要适当提高共育员的收益，但同时又要照顾到其他农户的利益。收费太低没人愿意做共育员，收费过高农户不愿意参加共育，所以收费一定要合理。小蚕共育费最好与所有的养蚕户收获成绩挂钩。

四、共育的主要技术

（一）建立、建全和严格执行消毒防病制度

消毒防病一定要贯穿蚕前、蚕期、蚕后三个生产环节，严格按照相关消毒防病要求进行。

（二）重视补催青

要使共育的小蚕发育齐一，蚁体强健，首先要做好补催青工作。

（三）精心饲养及管理

抓好共育室的管理及精心饲养是提高小蚕共育质量的重要保证，提高小蚕共育质量的主要技术措施参照本书第六章第三节小蚕饲养。

以上是建立共育室所必备的条件及共育的主要技术要求，每个共育室只有严格按照共育的主要技术要求去做，才能保证育出发育整齐，体质强健的小蚕，才能确保蚕茧产量的稳产高产。

第二节 小蚕叠式蚕盒育技术

传统的小蚕饲育匾养蚕，需搭建蚕架，占地面积较大，投资较多，不利于降低养蚕成本。并且，蚕匾的制作工艺复杂，一般

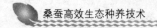

农户不易掌握。采用小蚕叠式蚕盒育，无须搭建蚕架，占地面积小，养蚕操作方便，也利于蚕室、蚕具的清洗消毒。蚕盒制作材料来源广、制作工艺简单、成本低，十分适合在农村推广应用。目前国内有许多蚕区采用叠式蚕盒共育小蚕，效果很好。

一、蚕盒的制作方法

蚕盒的主框架可以用杉木、杨木或松木等木条制作。将木条锯成厚 2cm、宽 7cm 的木板，钉制成 110cm×70cm×7cm 的木框，木框的底部用尼龙网蒙上，并在底部四角各钉上一块 2cm 厚的木块作为蚕盒的脚，还可在蚕盒的底部钉上两条木条，使蚕盒更牢固耐用。

二、蚕盒的使用

一张蚕种共育到三眠起需要 8 个蚕盒。使用时，在蚕盒的底部垫上一块相应大小的无毒薄膜，便可将小蚕放入蚕盒饲养。蚕盒可视养蚕操作的方便程度叠放成相应的高度，最下面一盒不放蚕。每次给桑或除沙时，从上至下顺序操作，第一层翻为最下一层，第二层翻为倒数第二层，给桑后每一擦第一层覆盖薄膜，其余盒不必盖，并根据室内的温差及时调节蚕盒位置。到分蚕以后，蚕盒便可收回，清洗消毒等下次使用。

三、注意事项

同一共育室使用的蚕盒，大小规格应一致，以方便叠放；制作蚕盒应尽量使用耐漂白粉腐蚀的材料。

第三节　小蚕平面少回育技术

根据小蚕对高温多湿适应性强，对病原微生物及有害微生物抵抗力弱的生理特点，设计的饲养技术。小蚕一日一回育或一日两回育称少回育，该技术具有省工、省力、操作方便的特点，一回育每人能饲养 15~20 张蚕种，节省桑叶 15%~20%，提高工效 3~5 倍，可很好的解决蚕桑生产中用工紧缺的矛盾。主要技术如下。

一、给桑

小蚕用桑以早晨采桑为主，随采随用，不用隔夜叶，采叶一定要认真精选，老嫩一致。为了满足小蚕生长发育的需要，采回的桑叶采用活水储存以保桑叶质量。

一日一回育，以每天 15：00—16：00 给桑为最佳时间，由于一回育每次给桑量大，不易掌握，往往由于给桑量不匀而造成蚕发育不齐。为了减少桑叶失水和潜伏蚕的产生，1~2 龄切成长叶或方块叶，给桑时长条叶纵横交叉，使蚕座呈立体状。一日两回育一日给桑数为两回，给桑时间长达 12 小时左右，一般上午 7：00—8：00、晚上 6：00—7：00 各喂一次桑叶。由于一次给桑量较大，蚕座内桑叶易失水分萎调，因此 1~3 龄采用全防干育。1~2 龄进行粗切叶，三龄去叶柄，各龄蚕将眠时相应细切，切叶大小是普通育的两倍，以减少水分散发。给桑要均匀，厚薄一致，蚕座四周给到。

少回育应注意提青分批，促进蚕生长发育齐一，便于及早饷食，每隔 2 小时观察一次，宜饷则饷，不能等到下次给桑时才观察处理，以避免发生不良后果。

塑料薄膜覆盖是一日少回育的核心技术，1~2 龄全防干育，下垫上盖，3 龄为半防干育，上盖下不垫。每次给桑前半小时揭开薄膜、换气、超前扩座、消毒，给后盖膜。小蚕提青后和眠中不盖薄膜。

二、扩座、除沙

小蚕一日少回育，由于每次给桑时间间隔较长，给桑前必须超前扩座、匀座、整座。定座时蚕头要稀，且分布均匀。扩座面积是下一次给桑的蚕座面积，才能保证小蚕生长发育整齐。扩座给桑后蚕室要保持黑暗，防止小蚕因趋光向一边爬，而造成蚕座内蚕头分布不均匀，致使蚕生长发育不齐。眠起处理做到"早止桑，迟饲食"。以促使蚕体发育整齐、强健。1龄不除沙，眠齐后撒新鲜石灰粉或"小蚕防病一号"进行蚕体消毒，2龄起除、眠除各一次，3龄起除、中除、眠除各一次。每次除沙后都要进行蚕体、蚕座消毒防病。

三、消毒

小蚕平面一日少回育除在养蚕前抓好消毒防病工作外，在饲养中也要严把消毒防病关。每次揭膜、扩座、给桑后，都要用新鲜石灰、"小蚕防病一号"或焦糠进行蚕体蚕座消毒防病。除沙后用1%漂白粉液进行地面消毒。

四、注意事项

1、2龄在给桑前30分钟前揭膜；3龄在给桑前45~60分钟揭膜，使排湿时间长些。蚕室温度不能太低，给桑不宜太厚，每次撒石灰或焦糠，不能撒的太厚，以防潜伏蚕丢失。一定要超前扩座，确保蚕发育齐一，为大蚕饲养打下基础。

第四节　大蚕简易蚕台饲育技术

简易蚕台饲育技术具有取材容易、制作简便、操作方便、节省劳力、成本低廉的特点，推广使用深受蚕农青睐。

一、蚕台制作

（一）蚕台规格

用木料制作蚕台架。蚕台宽、长度应根据蚕室宽度、长度，并结合蔟具宽、长度确定。台宽有 1.3m、2m 二种规格。层间高度主要根据上蔟方式决定；纸板方格蔟按照常规方法上蔟的，每层高为 50cm，层数为 4 层（含地面层），蚕台总高度控制在此 1.5m；按照自动上蔟方法上蔟的，每层高为 80cm，层数为 3 层（含地面层），蚕台总高度控制在 1.6m。

（二）蚕台制作

每隔 1.5~2m 搁一个蚕台架。在木架内两边各捆 1 根长竹、木竿或钢管，中间再捆 2~4 根竹竿，再在竹子上面放上用竹片、夏伐的桑条、红麻杆、苇子或秫秸等自制编成的箔（横向放在竿上），箔上沿四周捆压木条或竹片拦挡，蚕箔上铺塑料织布。

（三）蚕台布局

宽在 1.3m 左右的蚕台可选择房内两边各搭一架蚕台，蚕台离墙 10cm 以上，中间留人行操作道 1m 左右。宽在 1.5m 以上的蚕台可选择在屋中央搭一架蚕台，蚕台四周留人行道 60~80cm，并要求室内要有对流窗，饲养一张普通种需蚕台面积 35~40m²。

二、饲育要点

（一）适时移蚕上台

四龄饷食喂 2~3 次叶后，连叶带蚕移上蚕台中央或四周，约占蚕台的 1/4 面积，以蚕不挨蚕为宜。随着蚕的生长逐步向四周或中央扩大蚕座面积，直至上蔟时蚕台上的蚕恰好铺满蚕台。同一批饷食的蚕放在同一层蚕台上，早批放下层，迟批放上层。

（二）良桑饱食

蚕台饲育，要求每天给桑 3~4 次，每次给桑后要保证 2 小时内蚕座有桑叶，做到吃饱不剩叶，尤其是台宽在 1.5m 以上的蚕台要注意给桑均匀。

（三）严防闷热

大蚕要开放门窗饲养，如遇高温闷热天气，可适当开电扇进行通风换气。

（四）严格消毒防病

每天须撒 1~2 次新鲜石灰粉及其他蚕药，以保证蚕座清洁干燥，切忌翻动蚕座蚕沙，防止蒸热发酵。干燥时用含有效氯0.3%的漂白粉液喷蚕体或喷叶给桑。隔天用 300 倍灭蚕蝇喷体 1次或添食 500 倍液防蝇蛆病。

其他操作与普通育相同。

第五节　大棚养蚕技术

大棚养蚕是为适应农户养蚕规模不断扩大而研制开发的一项新技术，它是推进蚕业规模化经营，实现蚕业现代化的重要技术措施。近年来，已在国内不少蚕区推广应用，取得了显著效果。河南省在淅川、伊川、卢氏、郸城、兰考等县开展了示范推广，获得了初步成功。但由于起步较晚，各地在应用大棚养蚕技术时缺乏成熟、完整的技术经验。因此要结合当地实际情况，灵活掌握。

一、大棚养蚕的优点

（一）建棚容易成本低，有利于规模经营

大棚投资少，设备简单，蚕农易接受，适宜大蚕饲养。利用庭院、家前屋后空闲地建造塑料大棚，除必须购买的塑料薄膜、铁丝（可用塑料绳）等外，其他一些材料均可因陋就简，就地取材，一次投资，可连续使用 4~5 年。搭建一个 160m² 的塑料大棚，每 $1m^2$ 塑料大棚成本仅 25 元左右，比建专用蚕室或扩大住房养蚕简便、快捷，而且成本要低得多。大棚养蚕实行规模化养蚕，养蚕数量比室内饲育增加多倍，一般可降低成本 30% 左右，纯收入增加 6~7 倍，按照目前每户有 3~5 亩桑园的规模，建一个 $160m^2$ 的大棚就够用了，结合蚕台育，一次可养蚕六张以上。

（二）节约劳力，提高工效

由于大棚养蚕可采用地蚕育、蚕台育、条桑育、自动上蔟等省力化养蚕技术，免除室内养蚕的抽匾给桑、抬蚕、扩座、除沙、倒沙等工序，明显地节约了用工，减轻了劳动强度，大幅度提高了劳动生产率。而且蚕棚就建在桑园附近，减少了采叶喂蚕的距离，比普通育节省劳力 70%，提高工效 5 倍以上。

（三）增加产量，提高茧质

大棚养蚕采用地面或蚕台育，消毒方便；由于不除沙，简化了喂蚕工序，减少蚕体创伤和病原感染的机率，极大地降低了发病率。同时大蚕室外育，便于消毒防病和通风换气，有利于大蚕的生理要求，并采取就地上蔟，空气新鲜，排湿容易，在提高产量的同时，解舒率和出丝率也有明显提高。

（四）大棚全年可循环使用，增加蚕农收入

从 10 月份晚中秋蚕结束后次年 5 月饲养春蚕，大棚约有 6 个多月的闲置时间，可充分利用大棚种植反季蔬菜、食用菌或养鸡，从而提高大棚利用率，提高综合效益，增加蚕农的经济收入。

二、大棚建造技术

因大棚种类很多，养蚕大棚与其他种养殖大棚建设差别不大，各地可结合实际，请有关专业人员帮助搭建，在此以钢管塑料大棚的搭建为例进行介绍，供参考。

（一）选址

塑料大棚宜选在地势高燥、平坦、交通便利、远离稻（麦）田、果园、距桑园较近、无病原污染的空旷之处。若专用于养蚕，则宜选择树阴下，以利遮挡直射阳光，防止白天棚内温度过高；若兼用于栽培蔬菜等作物，则要考虑土壤质地、肥力等条件。大棚以南北向为好，棚内温度和光线分布比较均匀，有利于通风。

（二）规模与规格

塑料大棚的大小应根据场地和饲养量确定，通常一张蚕种需 $35m^2$ 的面积，一般为（15~20）m×（7~8）m，即大棚的跨度为 7~8m，长度为 15~20m，棚顶高 3.2m，肩高 1.5~1.7m（可适当调节，主要是有利通风）。

（三）建造

用直径 25mm 左右的钢管作拱架，埋入地下一般 40cm，拱杆间距 83cm 左右，架内顶端及两侧用竹杆将拱架连结，使其形成一个牢固的整体棚架。在棚架两侧，紧贴地面固定 0.5~0.8m 高的双层地膜，地膜上端围高 1m 左右的纱网，然后用塑料膜或塑料编织布，覆盖棚架至围定的双层地膜，并在两拱架间用铁丝或尼龙绳作压膜线，两端以地锚固定。棚架两端里面用纱网，外面用塑料膜或塑料编织布固定，中央留高 1.7m、宽 1m，内为纱网，外为塑料膜可活动的门。在棚顶上搭遮阳网或覆盖草帘。同时，为便于晚秋蚕期加温，可在大棚中间（走道上）建地火龙。大棚建好后，四周挖深 30cm 的排水沟，以防雨水入棚。另外，还可将大棚两端和两侧围膜处用砖垒成固定墙体，在两端山墙设置换气窗，闷热时安装上抽风扇加速换气，效果更好。

（四）蚕座设置

大棚养蚕通常采用地蚕条桑育和地蚕片叶育的饲育方式。一般可顺大棚方向设置三条通道、四排蚕座，每排蚕座宽 1~2m，中间通道宽0.8m。两侧通道各宽0.5m，以便于给桑、扩座、蚕座消毒和上蔟操作。为提高大棚利用率，大棚内搭建三排蚕台，蚕台宽度为1.6m，靠墙两边及中间两排各留操作道0.6m、1m。蚕台分为上下二层，间距0.8m（下层地面）。

三、大棚养蚕方法

1. 入棚前的准备

蚕儿入棚前3~5天，先用1%有效氯漂白粉液对棚内地面及大棚四周进行彻底消毒，再用毒消散熏烟消毒一遍，地面厚撒一层新鲜石灰或盖一层薄膜隔离地面；有蚂蚁危害的在棚内外壁边用氯丹粉、灭蚁清或洗衣粉撒布地面防蚁害。如有鼠洞，及时灌注药物灭鼠。

2. 入棚时间及处理

一般在4~5龄饷食后，用片叶或芽叶给桑1~2回，结合起除把蚕移入大棚内。蚕入地前在地面上撒一层石灰粉，再撒一层稻草或麦草。移蚕时连网抬蚕，轻轻把蚕移放到蚕座上，注意要把同一发育批次的蚕集中放在一起，以便以后一齐上蔟。移蚕时蚕座长度按饲育数量放足，蚕座宽度放2/3左右，蚕头密度稍稀。4龄进棚的可先搭简易养蚕架饲养，也可直接下地饲育。凡是在棚饲养的蚕，必须实行小蚕共育，这是确保大棚养蚕成功的重要前提。还要做好入棚前一眠的提青分批工作，使蚕儿发育正齐。

3. 温湿度调节

塑料大棚的温度调节是关键技术。根据天气实况，因时制宜采取措施，使蚕在比较适宜的温度范围内正常地生长发育。通常晴天日出后，棚内温度升高，一般9:00前后达到饲育适温，这时就要掀开大棚两端或四周的棚膜放风，避免棚内温度迅速上升，并保持均匀一致。若棚内温度过高时，除掀开四周棚膜外，在棚顶覆盖草帘或加覆遮阳网，并在草帘上喷洒凉水进行降温。17:00左右，棚温降至饲育适温时，逐步放下棚膜，并覆盖草帘保温。要视天气、风向、风力和外温状况，适当掌握掀膜程度，合理控制放风量，做到棚室温度最高不超过30℃，最低不低于20℃（4龄不低于22℃）。若外温稳定在20℃以上时，可以昼夜放风。夜间或阴雨天和晚秋蚕期温度过低时，可利用地火龙或管道煤炉、电热器等进行加温。当棚内湿度过大时，要掀开棚膜放风排湿，并在蚕座上多撒干燥材料石灰粉和草木灰等，既吸湿又消毒。降温排湿时，要防止强风直吹，造成蚕头分布不匀和加快桑叶干萎。还要注意早晨、傍晚侧面日晒，引起蚕座局部升温和桑叶萎凋。

4. 饲育管理

（1）大棚条桑育每天给桑3~4次。春蚕从5龄第二天开始直接结合夏伐条桑喂蚕；夏蚕可结合疏条、采脚叶喂蚕；晚秋蚕可在距桑拳1.2m处水平剪梢，梢条喂蚕。给桑时，要根据条桑长短和蚕座的宽窄，决定桑条与蚕座垂直排列还是平行排列。不论哪种排列，喂蚕时都要一颠倒平行摆放，从蚕座的一端顺次给到另一端，同时桑条粗细要搭配合理，空隙处用片叶补充，使蚕座上桑叶分布均匀，蚕座平整。

（2）大棚片叶育按常规采叶，每天给桑4次。给桑要均匀，蚕座要平整。无论条桑育或片叶育，桑叶都要随采、随运、随喂，确保桑叶新鲜。给桑时要视蚕的发育阶段、蚕头密度、棚室温度等状况而定，参考上次给桑量和残桑量作合理调整，以充分食尽为原则，防止蚕座内层有蚕，造成引蚕、给桑的困难。白天温度高，给桑量适当增加，中午可以补给桑一次，务使充分饱食；夜间温低，可适当减少给桑。5龄前期，给桑应将蚕座面积适当向两侧扩大，于5龄第4天扩到最大面积。

5. 蚕期消毒

4~5 龄蚕每天撒新鲜石灰粉一次；第 4~5 龄蚕和 5 龄蚕，每隔 1 天撒大蚕防病一号蚕药进行蚕体、蚕座消毒。出现僵病蚕时，每天撒防僵粉 1~2 次，或者用三分生石灰、七分草木灰混合撒入蚕座也可；4 龄第 3 天及 5 龄第 2、4、6 天，体喷或添食灭蚕蝇。同时，还要经常人工巡视，防止蛤蟆、老鼠、蛇、蚂蚁等为害。

6. 眠起处理

4 龄进棚的，蚕儿大眠眠起处理在大棚内进行。眠前要做好扩座和饱食工作。大眠欠齐，要加网将迟眠蚕提出来，另置温度偏高处饲养。就眠后要撒新鲜石灰粉等干燥材料，要巡回检查是否有蚂蚁危害，并搞好温湿度调控。经过提青后，一般应待蚕儿全部蜕皮后再进行饲食。

四、上蔟及后期工作

1. 省力化上蔟

上蔟环节是劳动强度大、人力集中的关键时期。用普通上蔟法已不适应大棚养蚕的要求，要重点抓好自动上蔟和蔟中保护工作。蚕儿见熟前，撒一次新鲜石灰粉，条桑育的改喂片叶，使蚕座平整，避免熟蚕在蚕座残桑中结茧。上蔟前一天傍晚，见熟 5% 时添食或体喷灭蚕蝇，给一层桑叶后，待大批蚕熟时，在蚕座上依次直接平放方格蔟，按照先放先提的顺序，将蚕蔟提起挂到棚外预先搭好的架子上，注意及时翻蔟和拾取落地熟蚕。熟蚕上完后立即清理蚕沙，将棚内打扫干净，地面上撒一层新鲜石灰粉，吸湿消毒。并迅速搭好上蔟架，待蚕大部分入孔营茧，茧衣形成后再将蚕蔟移入棚内按标准搁挂。蚕从上蔟到结茧，温度应保持在 25~27℃，并掀开四周棚膜，进行通风排湿，这是提高茧质的重要措施。

夜间温度低于20℃时，要及时升温，上蔟6~7天后采茧，方法与普通育相同。

2. 蚕期结束后的工作

蚕儿上蔟后及时把棚内蚕沙清除出去进行沤制处理，并随即对大棚内外及上蔟用具进行药物消毒，以防止病原扩散。蚕期发现蚕病的，要将棚内地面土起出15cm，用上述药物消毒后换上新土，将棚密封，以备下季养蚕使用。

五、大棚养蚕注意事项

1. 做好"四防"工作

发现蚂蚁用氯丹粉，灭蚁灵来防除；防老鼠进入为害，防蟾蜍为害，防有毒气体侵入棚内（大棚附近严禁使用农药）。

2. 加强蝇蛆病防治工作

通风换气及饲养操作时，压严两端门纱，防止蚕蝇进入。4龄第二天，5龄第2、4、6天用灭蚕蝇体喷或添食2~3次。

3. 大棚建造要便于通风换气

大棚两侧用砖头堆砌"花窗"留隙，两头开门，东西南北透气，四面八方通风。大棚四周开挖排水沟，以防夏季多雨季节棚内积水。

4. 棚顶要尽量遮荫

防止阳光直射，减轻太阳辐射热的侵入，促使蚕儿生长发育良好。棚顶盖草厚度不少于15cm，并用绳子或网固定，防止被风吹散，用遮阳网覆盖降温，效果更好。

5. 搭建大棚的竹木材料要坚实耐用

尤其选用立柱、横梁与棚顶"弓"字形材料必须坚固可靠，支撑骨架相接处应用布条缠绑结实，确保大棚在遭受恶劣天气时安然无恙，为蚕的健康发育创造良好的环境。

6. 调节棚内温湿度

　　大棚养蚕往往遇到温度过高或过低，昼夜温差大的不良环境。棚内温度早秋最高可达38℃，晚秋最低在18℃以下，夜间和阴雨天棚内湿度大，蚕座潮湿。要适时做好棚内的温湿度调节，才能保证蚕儿正常生长发育。

第八章　蚕病防治

蚕病是蚕茧生产的最大障碍，常造成严重的经济损失。目前河南省因蚕病而损失的产茧量占全年总产茧量的15%左右。夏秋季尤为严重。发生蚕病既降低单产，也影响茧质。因此，防治蚕病在蚕茧生产过程中必须十分重视。

第一节　传染性蚕病及其防治

传染性蚕病是由于病原微生物侵入蚕体危害所致，并可以通过病蚕传染给健康蚕。目前河南省蚕桑生产中，发生较多的传染性蚕病主要有病毒病、细菌病和真菌病，其中病毒病中的血液型脓病是危害最为严重的，个别蚕区的个别蚕期损失达到60%以上。

一、病毒病

病毒病在我国各个蚕区的不同季节都有发生，特别是在夏秋期，常因气候条件恶劣，再加上消毒不严、管理不善等因素，往往造成蚕病暴发流行，使生产造成损失，家蚕病毒病是养蚕生产中最常见的、危害较为严重的一类疾病。因病毒的种类和寄生部位的不同，主要有以下四种：核型多角体病（血液型脓病）、质型多角体病（中肠型脓病）、病毒性软化病、脓核病。血液型脓病在生产上最为常见、危害最为严重。

（一）病征

1. 核型多角体病

病毒寄生于蚕儿血细胞和体腔内各组织细胞核中，并在其中形成多角体而引起的疾病，所以称核型多角体病，又叫血液型脓病或体腔型脓病。这种病在各区不同养蚕季节均有发生。生产中以3龄以后，特别是5龄后期发生较多。病程一般为4~6天。高温饲养，发病更严重。病蚕体色乳白，环节肿胀，有的节间膜隆起，爬行不止，体壁易破，边爬边流出乳白色脓汁而死，死后尸体缩短并很快变黑腐烂。由于蚕儿发病时期不同，在以上典型病征的基础上还表现出不眠蚕、起节蚕、黑气门蚕、焦脚蚕、斑蚕、高节蚕、脓蚕等症状。

2. 质型多角体病

病毒寄生在蚕儿中肠细胞质中，在其中形成多角体而引起的疾病，所以称质型多角体病，又名中肠型脓病。本病夏秋蚕期发生较多，其特点是发病慢，病程长，有的小蚕期微量感染，可延续到五龄老熟前才发病，高温闷热条件下病势严重。病蚕行动迟缓，体躯瘦小，皮肤缩皱，体色灰黄，呈现空胸、起缩、吐液及下痢症状。呆伏不动，腹部肿胀，胸部皮肤缩皱，中肠后端有乳白色褶皱。

3. 病毒性软化病

病毒性软化病是病毒寄生于蚕中肠杯形细胞质中而引起的疾病，俗称空头病。此病夏秋蚕期发生较多，且传染性强，病势严重，持续蔓延。病程一般为5~12天。本病蚕的病征与质型多角体病、浓核病和细菌性肠道病蚕均有些相似。病蚕食欲减退，发育不良，眠起不齐，个体间开差大。有起缩、空胸状，壮蚕盛食期还出现全身半透明状，排褐色稀粪或污液。死前吐液，死后尸体扁瘪，异臭。而中肠无乳白色横纹，肠内空虚，充满黄褐色消化液，极少食片。

4. 脓核病

病毒寄生于蚕中肠圆筒形细胞核中引起的一种疾病。夏秋蚕期发生较多，传染性极强，病势严重。病程一般为 7~12 天。该病毒主要危害蚕的幼虫阶段。染病后的蚕儿食桑减少，发育缓慢、瘦小，体色发黄，有明显空胸状，并排链珠状蚕粪。随病情加重，蚕停止食桑，爬向蚕座四周，静伏不动，全身透明，排水粪湿尾。撕开体壁看中肠，肠壁透明，肠内几乎没有食片，充满了黄绿色半透明的消化液。与质型多角体病蚕区别方法是撕开体壁看中肠，本病中肠壁透明，后部无乳白色横纹，肠内完全空虚。

（二）防治方法

四种病毒病中由不同病毒引起，但都可通过病蚕吐液、粪便、脓汁和尸体污染蚕室、蚕具及环境，经蚕食下或创伤引起传染。核型多角体病是新鲜脓汁时两种途径均能感染；其他几种病毒病主要是食下传染，在排出的蚕粪中有大量病毒污染桑叶、污染蚕座，造成严重的座内感染。而且病毒病的发生与蚕儿体质有着密切的关系。所以，病毒的防治在贯彻"预防为主，综合防治"的基础上，应采取下列措施。

1. 彻底消毒防病，隔断传染源

养蚕前后认真搞好蚕室、贮桑室及大小蚕具和环境的洗刷消毒。药物可采用含有效氯 1% 的漂白粉液或 1%~2% 的鲜石灰浆。能密闭的蚕室也可采用含甲醛 2% 的福尔马林液加 1% 的鲜石灰粉进行消毒。蚕期应搞好蚕室、蚕座及养蚕卫生。平时经常用漂白粉防僵粉、防病一号、石灰进行蚕体、蚕座消毒，防蚕座混育感染。发病时每天早上、晚上用防僵粉或鲜石灰粉进行蚕体蚕座消毒；肠道病还可添食 500~1 000 单位毫升的氯霉素，以杀灭消化道内细菌，减轻病毒病的危害；发病后不要喂水叶；每天用含有效氯 0.5% 的漂白粉液对蚕室地面、贮桑室地面喷洒消毒一次，也可用 2%的石灰水进行叶面添食。给桑前除沙后洗手，小蚕室、贮桑室门口放新鲜石灰粉，防人为带病毒感染。

2. 加强眠起处理，严格分批提青，淘汰迟眠蚕、弱小蚕

生产中不论有病无病，凡是发育迟的小蚕都应在眠起处理时，采取分批提青的措施与健康蚕分开，及时淘汰迟眠蚕、弱小蚕和病蚕，淘汰的不良蚕不能随地乱丢，要丢入石灰缸中或深埋。

3. 合理处理蚕沙、病死蚕，严防病原的污染扩散

蚕沙要远离蚕室和桑园堆放，严禁将不经处理的蚕沙直接倒入桑园，必须高温堆肥发酵后才能施用；淘汰的病死蚕一定要放入石灰缸中，集中深埋，防止家禽食下，造成病原体传播。

4. 添食药物预防

可添食脓病灵预防，取该药 10mL 加水 1kg 稀释后，均匀喷洒在 10kg 桑叶上，稍干后喂蚕；使用灭毒灵预防性添食，可用该药 10mL 对水 0.5kg 喷 5kg 桑叶添食；治疗性添食，灭毒灵 20mL 对水 0.5kg 喷 5kg 桑叶。

5. 加强饲养管理，稀放饱食，细心饲养

小蚕应做好保温、保湿、饱食和精选良叶工作，严格执行操作规程，做到"10 日眠 3 眠，眠眠是日眠"。大蚕期要加强通风换气以减轻高温、闷热、多湿的影响，春蚕和秋蚕期要处理好加温与通风的关系。扩座、除沙、上蔟等动作要轻，减少创伤感染的机会。尽量稀放养，注重桑叶的采、运、贮，保证蚕儿能吃到良好的桑叶，使蚕儿发育齐一，以增强蚕的体质，提高抗病能力。

6. 把好桑叶的质量关

做好桑园害虫的防治工作，降低桑园害虫的虫口密度，防止病毒交叉感染；坚持不饲喂露水叶、变质叶、污染叶；加强桑园管理，增施有机肥，生产优质桑叶，使蚕良桑饱食，增强蚕的体

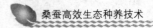

质和抗病力。

二、细菌病

细菌病是生产中常见的蚕病。各蚕区的不同季节均有发生，但夏秋蚕期发生较多。如消毒不严、饲养粗放、贮桑不当、细菌农药的使用等都会引起此病的危害。

（一）细菌性败血病

1. 病症

由败血病细菌侵入蚕、蛹、蛾血液中寄生、繁殖引起的疾病称败血病。细菌由伤口直接侵入引起的称原发性败血病。细菌在消化道内繁殖，然后再侵入血液内寄生引起的败血病称继发性败血病。细菌性败血病的种类很多，常见的有黑胸败血病、灵菌败血病、青头败血病3种，分别由黑胸败血菌、灵菌败血菌、青头败血菌引起。

败血病为急性病，一般从感染到死亡经过10~24小时。发病初无明显症状，蚕染病后食桑减退，行动呆滞，体躯伸直静伏于蚕座，接着胸部膨大，腹部各环节收缩，吐肠液少许，排软粪或念珠状粪，最后痉挛侧倒而死；初死时有暂时尸僵现象，胸部膨大，头尾翘起，腹部向腹面拱出，腹足后倾。不久，体壁松弛，体躯伸长，头胸伸出，软化变色，而后全身柔软扁瘪，内脏解离液化，稍振动体壁破裂，流恶臭污液。此外不同败血病显现不同病症。黑胸败血病，病蚕死后不久，首先在胸部背面及腹部1~3环节出现墨绿色黑斑，很快前半身发黑，最后全身腐烂，流出黑褐色污液。

灵菌败血病，病蚕尸体变色较慢，随着体内组织的离解液化，全身逐渐变成桃红色，蛹期发病全身变为黑色或桃红色，蛾期发病仅腹部呈现黑色或红色。

青头败血病，因发病时期不同略有差异，5龄后期发病的蚕，死后不久胸背部即出现绿色透明的病斑，并在病斑下出现气泡，5龄初期发病，多数不出现绿色气泡，血液混浊灰白。蛹期腐烂变黑，体壁易破，流黑色或红色污液，成批相继感染死亡。蛾期鳞毛污秽，呆滞，胸足僵硬，最后仅留头、胸、翅。

2. 防治方法

（1）控制病原，减少传染机会。在蚕室、蚕具彻底消毒的基础上，要注意养蚕卫生，保持蚕室、贮桑室、蚕座、垫纸、蚕具、养蚕用水等的清洁，加强蚕体、蚕座消毒，减少病原细菌接触蚕、蛹、蛾的机会，贮桑室要每天清除残叶，定期用漂白粉液消毒，贮桑用水要注意清洁，避免湿叶贮藏或堆桑过久、过厚而造成细菌在叶面孳生，及时清除病蚕、烂茧，重复使用旧蔟具时，需进行消毒处理。

（2）及时选出病蚕，每天用漂白粉防僵粉进行蚕体蚕座消毒，减少病原浓度。

（3）养蚕过程中一切技术操作应仔细，不能引起创伤，如扩座、给桑动作要轻，除沙用网，不密饲、熟蚕不堆放、适期采茧等。

（4）添食抗菌素。为预防败血病的发生，可用浓度为每毫升500单位的氯霉素药液1kg，喷桑叶8kg给蚕添食；蚕发病后用每毫升1 000单位的氯霉素液添食，第一天每隔八小时一次，连用三次，以后每天1~2次可控制该病蔓延。另外，在制种过程中，削茧、鉴蛹后，体喷1 000单位氯霉素，对预防败血病蛹的发生有一定的效果。

（二）细菌性中毒病

细菌性中毒病又称卒倒病。该病以夏秋蚕壮蚕期发生较多，发病后常成团、成堆死亡。卒倒病的症状可分急性中毒和慢性中毒两种。

1. 病症

急性中毒蚕儿食下大量毒素后几十分钟至几小时内发病死亡。生产中发现蚕突然停止食桑，前半身抬起，胸部略膨大并伴有痉挛颤抖，胸部及尾部空虚，吐少量胃液后倒卧而死。初死尸体的体色不变，头部缩入呈勾嘴状，手触中肠中部有硬块，尾部几个环节因空虚而收缩，尾角下陷，腹脚内卷后倾。尸体从胸腹交界开始变黑腐烂。

慢性中毒如发现蚕食欲减退，小肠以后空虚，排软粪，有时排红褐色污液，体躯麻痹慢慢死去，尸体腐烂呈黑褐色。

2. 防治方法

（1）杀灭病原。蚕前用含有效氯1%的漂白粉液对蚕室、蚕具彻底消毒；蚕期拈除病蚕后的蚕座应彻底消毒，特别应加强蚕座内发病中心的消毒。

（2）蚕区少用或不用细菌农药，以免污染桑叶。已被污染的桑叶，可用含有效氯0.3%的漂白粉澄清液处理后喂蚕。不喂脚叶和不成熟叶，以免中毒。

（3）加强通风排湿，防座内蒸热，减小病原浓度，防座内感染。

（4）添食抗菌素杀菌（方法同败血病）。

（三）细菌性肠道病

1. 病症

细菌性肠道病，俗称空头病或起缩病，是由某些细菌在蚕消化管内繁殖而引起的疾病，一般是每个季节均有发生，特别是夏秋蚕期因气候干燥、叶质劣而常有发生，但都不是暴发性的蚕病，当贮桑不善，造成桑叶发腻以致发酵时更为多见。

患病的蚕一般表现食欲减退，举动不活泼，体躯瘦小，生长缓慢，发育不齐等慢性症状。急性发病的蚕多死于眠中，不能蜕皮而死亡，其尸体变成黑褐色，不久腐烂发臭若在食桑中发病，身躯两头大，中间小，头胸部稍向腹部弯曲，吐液而死。此外，由于发病时期和消化道内寄生的细菌不同，有以下不同的特征：起缩蚕（响食后不食桑，体躯缩小，体壁黄褐等）、空头蚕（消化管前半段无桑叶，充满液体，以致胸部呈半透明，似病毒性软化病）、下痢（少量吐液，排稀粪、不正形粪或念珠粪）。由于本病的病征与 FV 及 DNV 病相似，蚕农肉眼很难区别，可从病情区分，在淘汰病蚕、改善饲养条件、添食氯霉素等其他抗生素后，病情明显好转的为本病。

2. **防治方法**

（1）加强饲养管理是关键，增强蚕的体质，做到良桑饱食。

（2）改善饲养环境，加强通风排湿工作。

（3）消灭病原菌，对贮桑室、蚕座做好消毒工作，湿桑不要长期贮藏。

（4）添食药物，发现病情的可添食浓度每毫升 500~1 000单位的氯霉素（青霉素亦有一定疗效）以及现在推广应用的克氯素、复方抗菌增茧素等均有一定的效果。

三、真菌病

（一）病症

蚕儿受真菌寄生死亡后，其尸体干涸僵硬，并不腐烂，这种病称为僵病，又叫硬化病，因寄生菌的不同，其孢子的颜色亦不同，常见的硬化病有白僵、黄僵、绿僵及曲霉病，而以白僵病危害最多，各季都能发生。当真菌孢子落到蚕身上，在适宜的温度（21~28℃）、湿度（85%以上）环境中，经 4~8 小时即能膨大发芽，10~16 小时后进入蚕体血液，吸取养分，急速发育成营养菌丝，不断增殖。当到极限时，蚕体养分和水分全被夺取，蚕体开始发硬，菌丝穿出蚕体，外观可见一层白毛，即为气生菌丝，其上又长出孢子，肉眼看像一层粉状物。孢子成熟时，即显现各种硬化病的固有色泽，能随空气流通而飘散，成为新的病源。

1. 白僵病

白僵病蚕初期无明显症状表现，尤其是小蚕期更难察觉，往往要到除沙时，见到蚕沙里有麻雀屎样的白僵蚕，才知有了病。大蚕发病，体形很少变化，蚕体上可见有淡黑褐色针刺状病斑，濒死蚕口吐胃液，头胸向前伸出，挺伏于蚕座中，体软而有弹性。死后不久，尸体渐硬呈乳白色，并从尾部开始呈现桃红色，经过 1~2 天，全身即长满白毛和白粉，眠中死亡的，大都不蜕皮，全身变黑，最后长出菌丝和孢子。5 龄后期和熟蚕染病的，可在茧中变成僵蛹，从感染到发病死亡，小蚕期为 2~4 天，大蚕期为 5~7 天，最适温度为 25~28℃。湿度越大，发病率则高。

2. 黄僵病

蚕食欲减退，体表有褐色小病斑或气门周围、胸腹脚基部有 1~2 个褐色大病斑。蚕死后尸体僵化，并逐渐变为粉红色。再经 1~2 天，全身长满茸毛状气生菌丝淡黄色分生孢子。

3. 绿僵病

绿僵病多发生在中秋期或晚秋期，从感染到发现病症，经过较长。一般是小蚕感染，3 龄后表现病症，其潜伏期为 7~10 天。病蚕食欲减退，呆伏蚕座内。蚕体上出现褐色的轮状或云纹状病斑，以胸部及腹侧或胸脚基部为多。死后尸体硬化呈乳白色，2~3 天后长出气生菌丝及绿色分生孢子。

4. 曲霉病

（1）蚕卵的病症。霉死卵的卵壳表面先凹陷，很快干瘪。而一般死卵先从卵面中央凹陷成三角形，逐渐干瘪。

（2）蚕的病症。蚁蚕感染后，不食桑，呆滞，伏于蚕座下，死后体躯紧张，在孢子侵入部位往往出现凹陷。约经 1 天，尸体上即能长出气生菌丝及分生孢子。大蚕发病时，在蚕体上出现 1~2 个褐色大型病斑，质硬，位置不定，多在节间膜或肛门处，随病势进展而扩大，濒死前，头胸部伸出，吐液死后，病斑周围局部硬化，其他部位并不变硬而容易腐烂变黑褐色，其病程2~4天。尸体经1~2天后，硬化的病斑处长出气生菌丝及分生孢子，初呈黄绿色，后变褐色或深绿色。

（二）防治方法

真菌病是一种凶险的传染性蚕病，而且它的病原生活力很强而广泛存在。但只要认真对待，严格做好如下工作，僵病是完全可以防治的。

1. 蚕室蚕具要彻底消毒

养蚕前，应先将蚕室内外彻底打扫干净，达到六面无灰尘，然后用漂白粉液周密消毒。上期发过真菌病的，再用毒消散或优氯净进行一次熏烟消毒，以求彻底杀灭遗留的病菌孢子。消毒后的蚕室要换气排湿，蚕具要暴晒，以免发霉。

2. 蚕期中要进行蚕体蚕座消毒

目前使用的防僵粉有毒消散防僵粉、漂白粉防僵粉、防病1号、优氯净防僵粉等多种，对杀灭硬化病孢子、病菌都有很好的效果。一般在收蚁时、各龄响食前和老熟时各撒用1次，已经发病时，应增加撒用次数，用药量要足，达到如轻霜一层，且务必均匀撒到，不漏一角。发病后的蚕沙，务必倒入沙坑，加撒防僵粉后，堆沤腐熟。不可出售僵蚕，僵病蚕要及时烧掉。

3. 注意饲养管理，控制发病条件

小蚕期用薄膜覆盖育时，蚕座要多用干燥材料及防僵粉剂；大蚕期如天气闷热或潮湿时，应增加除沙次数，并多撒焦糠、石灰等干燥吸湿材料。注意保持目的温度、湿度。在夏蚕及中晚秋蚕要注意控制进入蚕座的水量，添食氯霉素、灭蚕蝇、激素等药品后，早、晚应撒用干燥材料，并适时除沙，防止蚕座过湿，以控制僵病发生。

4. 在防僵药物少或缺乏的情况下，可用熏烟的方法防僵病

僵病发生后，可以用稻草等发烟材料在室内熏烟，一间普通可关闭的房屋用 1.5kg 稻草即够，在室内地面上先点燃干草，再把稍经打湿的稻草盖上，使其缓慢燃烧而发烟，关闭门窗 1 小时后开放，既可排湿，又可使僵菌孢子失去致病力。

5. 做好桑田治虫工作

防止患有僵病的害虫污染桑叶。并且在蚕区不能用白僵菌作为农林治虫的生物药物，以免孢子随风飘散、感染，威胁蚕桑生产。

6. 真菌病防治

发生真菌病后应用防僵粉每天早、晚进行蚕体蚕座消毒，或用硫黄熏烟（硫黄 $3\sim4g/m^2$，熏 30 分钟后开门窗换气）。捡出病蚕烧掉，不乱丢。蚕沙不能乱倒，应远运制成堆肥后再施用。

第二节　家蚕非传染性病害及其防治

非传染性蚕病是由节肢动物侵害、农药中毒、机械创伤及生理障碍等因素造成的，不能由病蚕传给健康蚕。生产中发生较多且危害较大的主要有蝇蛆病、农药中毒、工厂废气中毒等。

一、蝇蛆病

蝇蛆病是由多化性蚕蛆蝇将卵产于蚕体表面，孵化后的幼虫（蛆）钻入蚕体内寄生而引起的病害。本病对蚕业生产危害很大，在我国各蚕区每个养蚕季节都有发生，通常造成 10% 左右的损失，有时损失达 30% 以上。因此，必须重视对该病的防治。

（一）病症

从 3 龄到 5 龄上蔟前均可被家蚕寄生蝇危害。寄生蝇产卵于蚕体表面，孵化后钻入蚕体内寄生，形成黑褐色喇叭状的病斑。

黑斑上有淡黄色卵圆形卵壳，如卵壳脱掉可见一孔。蛆寄生处环节肿胀，有时向一侧弯曲。眠蚕受害不能脱皮，死后全身黑褐色。蚕蝇蛆寄生的蚕有时体色会变成紫色。在5龄期被寄生的蚕，一般都有早熟现象。5龄后期被寄生的蚕可上蔟结茧或化蛹，则蛹体死亡，成为死笼茧、薄皮茧或蛆孔茧。

（二）防治方法

1. 使用灭蚕蝇防治

灭蚕蝇对蝇蛆病的防治有特效，使用方法有添食和喷体两种。喷体法按每张蚕种用"灭蚕蝇"300倍稀释液，在给桑前30分钟均匀喷于蚕体表面，以湿润为度，4龄的第2天、5龄期的第2、4、6天和见熟5%时各喷体一次；添食法用500倍"灭蚕蝇"稀释液与桑叶1∶10的比例充分调匀后添食，添食时间同喷体法。添食一张蚕种的蚕需用灭蚕蝇及桑叶的量为第一次半片（或0.5mL）对水250g，喷在2.5kg桑叶上，一次吃完；第二次用1片（或1mL）对水0.5kg，喷洒5kg桑叶，一次吃完；第三次用3片（或3mL）对水1.5kg，喷洒15kg桑叶，一次吃完；第四次用4片（或4mL）对水2kg、喷洒20kg桑叶，一次吃完。喷体法使用方便，既能杀卵又能杀蛆，但会造成蚕座潮湿；添食法杀卵效果较差，但对寄生在蚕体内的蛆体杀灭效果较好。施用"灭蚕蝇"时应注意药液要现配现用，拌好的桑叶不宜久放。灭蚕蝇不能与氯霉素、漂白粉或漂白粉防僵粉同时使用，以防中毒。用药前后4~6小时内不宜在蚕座内撒石灰等碱性药物，以免降低药效。不能任意加大用药量，否则易引起蚕儿中毒。灭蚕蝇乳剂可与保幼激素类似物混合使用。

2. 搞好环境卫生，减少蝇化蛹的场所

蚕室配备纱门、纱窗，防止蚕蛆蝇飞入蚕室，减少蛆蝇危害。

3. 寄生蝇蛆的早熟蚕要分开上蔟，结茧后应提前收烘

上蔟温度较低时应加温到 24.5℃左右，促进蚕儿吐丝营茧，缩短吐丝营茧时间，减少蝇蛆茧的发生。丝茧育要及时烘茧杀蛹，将尚未从蚕蛹体蜕出的蛆杀死，既可避免蛆孔茧损失，又可减少蛆体蜕出后的成虫基数，降低蝇口密度。

4. 农业方法杀灭蝇蛆和蝇蛹

堆放蚕沙时以湿土封固，使蚕沙中的蛆蛹因蚕沙发酵而窒息死亡。及时清除上蔟室的落地蛆及蛹予以杀死。收茧站是蛆、蛹聚合最多的场所，应及时捕杀。

二、农药中毒蚕的预防与处理

蚕农药中毒是指蚕接触农药或食下因农药污染的桑叶而引起的一种毒害。在蚕桑生产中时有发生，特别是夏秋蚕期，既是各种作物害虫多发季节，又是治虫适期，蚕儿对农药非常敏感，极易遭受农药危害，生产中稍有疏忽就会造成农药中毒，轻则影响蚕的生长发育，重则造成大批死亡。近几年河南省东部蚕区春季因受小麦"一喷三防"影响，家蚕农药中毒非常严重。因此，必须引起蚕农的重视。农药中毒大多突发性的，很快吐液，麻痹死亡，且迄今为止，一旦发生农药中毒后，尚无十分有效的解毒办法，因此对家蚕农药中毒的防止应着眼于预防。

（一）切断农药污染途径，防止农药污染桑叶

为预防农药中毒，必须采取隔断农药污染的途径，具体措施如下。

1. 防止农药污染桑叶

蚕区用药要注意施药的方法和风向，做到施药品种、浓度、方法、日期的四个统一，宜选择泼浇、低施或内吸性的颗粒剂，少用高压喷雾器、喷粉机和弥雾器等机械施药，以减少桑叶污染的机会。在重点蚕区养蚕季节要妥善安排用药品种，建议不使用

有机氮类、菊酯类、沙蚕毒素类、生物类农药。桑园施药防虫必须注意安全，不允许在桑园里配药。施药后要牢记残效期，尽量选用残效期短的农药。改革农业生产的种植结构，使桑园相对集中，避免桑园与稻田、棉田、果园的交错布局。烟草产区不能烟桑混作，两者相距100m以上。

2. 防蚕室、蚕具被农药污染

蚕室及蚕具均不能存放农药、接触农药；保管农药的地方必须远离蚕室；农用喷雾器及蚕室用喷雾器不能混用。不在蚕室附近晒烟叶。养蚕用的水源不能用于浸洗被农药污染的器具。

3. 防止饲养人员的农药污染

饲养人员在养蚕期间不宜接触农药和灭蚊剂之类的东西，切记养蚕人员不治虫，治虫人员不采叶、不喂叶、不拌叶、不接触蚕具、不进入蚕室，防止衣、物、手、足沾染或携带农药而引起蚕中毒。

(二) 掌握常用农药的残效期，以防误食留有残效农药的桑叶

桑园施药治虫后，要牢记施药时间，在残效期内不能采叶喂蚕。残效期又因天气、用药浓度而有变化，要注意掌握。有可疑的桑叶，要提前做好试喂工作，尤其是靠近农田的桑叶以及下部桑叶，试喂时提前一天用迟眠蚕试喂，连续试喂3顿桑叶后再确定桑叶是否有毒。发现桑叶被微量农药污染的立即停止采叶，残毒期过后再采摘使用。常用农药的残效期见表8-1。

表8-1 常用农药残效期

类型	农药种类	使用浓度（加水倍数）	养蚕安全间隔期（天）
杀虫剂	80%敌敌畏乳油	1 000 倍	5~7 天
		1 500~2 000 倍	3~5 天
	40%乐果乳油	1 000 倍	5~6 天
		1 500~2 000 倍	3~5 天

（续表）

类型	农药种类	使用浓度（加水倍数）	养蚕安全间隔期（天）
杀虫剂	90%晶体敌百虫	1 000 倍	20 天以上
		1 500~2 000 倍	15~20 天
	40%氧化乐果乳剂	1 000 倍	10~15 天
		1 500~2 000 倍	8~10 天
	50%杀螟松乳剂	1 000~1 500 倍	10~15 天
		2 000 倍	10 天
	50%辛硫磷	1 000 倍	5 天
		1 500~2 000 倍	3-5 天
	2.5%敌杀死	10 000 倍	120 天
	20%速灭杀丁	8 000~10 000 倍	120 天
	20%三氯杀螨醇	1 500~2 000 倍	3 天
	25%杀虫双	1 000 倍	70 天
杀菌剂	70%甲基托布津可湿性粉剂	1 000 倍	5~7 天
		1 500~2 000 倍	3~5 天
	50%乙基托布津可湿性粉剂	1000 倍	5~6 天
		1 500~2 000 倍	3~5 天
	50%多菌灵	1 000 倍	20 天以上
	25%粉锈宁可湿性粉剂	1 500~2 000 倍	15~20 天
	20%萎锈灵	1 000 倍	10~15 天
	土霉素或链霉素	1 500~2 000 倍	8~10 天
	80%二溴氯丙烷	300~500 倍	无毒
		100~150 倍灌施	无毒

（三）家蚕农药中毒后的急救措施

1. 隔离毒源

一旦发现蚕农药中毒，应立即打开门窗或把蚕搬到通风阴凉处，使空气新鲜。蚕座内立即撒隔沙材料，及时加网除沙，以隔离毒物。烟草中毒蚕会自然复苏，不要轻易倒掉。

2. 迅速查找毒源，避免再次中毒

根据蚕中毒的症状以及农田、桑园等用药情况的调查，分析中毒原因及有毒桑叶的来源，避免因毒源不明而继续发生蚕中毒。

3. 解毒处理

小蚕用清水喷体；大蚕从蚕座中拾出，用干净冷水（井水）浸渍淘洗（两分钟左右）至躯体柔软，取出摊于蚕匾中，置阴凉通风处，待其复苏；当部分蚕复苏后，再喂以新鲜桑叶，应加强管理。有机磷中毒后，尚能吃叶的蚕可适当添食解磷定或阿托品。烟草中毒用浓茶水添食、蔗糖水添食亦有一定效果。被农药污染的蚕匾、蚕网等蚕具应立即更换，用碱水洗涤，日晒后再用。

4. 加强饲养管理

轻中毒蚕和中毒后复苏的蚕，蚕儿免疫力低，极易感染发病，要饲以良桑，加强防病和饲养管理。还可添食少量糖液以增强体质。

三、工厂、工业废气中毒的预防

工厂废气中毒是指工厂排放的废气污染桑叶，经蚕食下后引起的中毒。我国 20 世纪 50 年代已有氟污染危害，但 70 年代前多数是零星发生的。70 年代末到目前为止，随乡镇企业的迅速发展，在广东、浙江、江苏的一些老蚕区的工业废气污染日益严重，近年河南省工业废气中毒现象也时有发生，已给蚕桑生产带来了严重的威胁。工业废气的种类与工厂的性质和所用的燃料有关，研究发现中毒物主要有氟化物、硫化物、氯化物等。

（一）桑园规划与工厂设置要统筹兼顾

工厂排出的工业废气对桑和蚕的影响与工厂的种类、距离、规模、烟囱高度以及排出量的多少有关系；同时还与当时的风向、风力强弱、地形高低以及气象等因素有关系，因而要综合考虑多方面的因素来确定桑园与工厂的规划布局，一般要求二者最小距离为铝厂10km、金属厂1.4km、磷肥厂0.7km、玻璃厂1.5km、砖瓦厂700m、瓷砖厂800m。另外，工厂要搞好废气回收再利用，并严格按照国家标准排放废气，以免废气污染桑叶而引起蚕中毒。

（二）建立大气、桑叶含氟量检测制度

做好环境及桑叶含氟量的检测，随时掌握桑叶受害情况，重点蚕区蚕期桑园周围的污染工厂要停产，以降低大气中的氟含量。并根据气象情况、蚕龄大小灵活安排桑叶的采收，合理安排蚕期，避免中毒。

（三）干旱季节注意抗旱

工业废气污染源附近的桑树，在干旱季节最好选择喷灌方式抗旱，尤其要重视用叶前的喷灌，以冲洗桑叶上的氟化物，或叶面喷施1%~2%石灰水，以减轻危害。

（四）选用抗氟家蚕品种

近年我国家蚕科技工作者已选育出了抗氟家蚕新品种，如秋丰×白玉品种抗氟性能表现很好，可以选用。

（五）应急处理

蚕发生中毒时，应立即更换新鲜良桑。对污染桑叶可进行水洗，或喷洒石灰浆以解毒。小蚕期用3%石灰水，大蚕期4%~5%。或雨后采叶喂蚕。还可以将受害轻的桑叶与无害的桑叶间隔使用，以减轻损失。

四、家蚕鼠害预防

近年来鼠害猖獗，给养蚕业也带来了极大的不利，因为老鼠不仅危害蚕卵，也危害蚁蚕、壮蚕和蚕茧。据调查，鼠害给蚕业生产造成的损失仅次于蚕病，个别地区损失达 10% 以上。因此，蚕农必须采取有效措施控制鼠害，避免影响蚕业生产。

（一）使用鼠夹和鼠笼灭鼠

使用鼠夹、鼠笼捕鼠时，鼠夹或鼠笼应布放在鼠活动区域如鼠洞、鼠道和鼠迹附近，机关面向墙或物体，夹体距离墙或物体 1~2cm 并与之垂直；采用鼠夹或鼠笼灭鼠需布放足够数量，诱饵应选择鼠类喜食的新鲜食物，在食物丰富的场所，可用棉花球滴麻油作诱饵。晚放晨收。捕杀老鼠后要彻底洗净，除去鼠腥味后才能再用，否则老鼠闻到血腥味就不会上钩。

（二）使用粘鼠板灭鼠

黏鼠板捕（粘）鼠时，将黏鼠板平放，在粘鼠板上放置少量的饵料，靠墙边、物体放置；应避免将粘鼠板放置在潮湿、多灰和阳光直射的环境。晚放晨收。

（三）使用电子捕鼠器灭鼠

电子捕鼠器是在鼠经常活动的路线上布放捕鼠导线，使用的电子捕鼠器必须具有安全性检测合格证书。注意使用安全。

（四）投药灭鼠

养蚕前半个月内，在蚕室和附近房屋，多放几次药灭鼠。全村统一时间放药，效果更好。在使用磷化锌等国家允许的、控制使用的急性鼠药时，投放前先选好点，投放前饵，每日检查并补充，完全消耗点加倍补放，共 3~6 天，当连续 2 天消耗量不变时，可以改放毒饵；急性鼠药必须由专业人员在保证安全的前提下投放，投放时间不超过 2 天，安全可靠的地方可投放 7 天，并严格做到晚上投放，次日早晨收回。

（五）其他方法

除前面的方法外，还可采取如下方法：在养蚕前堵塞蚕室漏洞，使老鼠无法进入蚕房；在墙脚四周围钉一圈 50cm 的薄膜，使老鼠无法上下；养蚕期间，将猫绑在蚕室内，可防老鼠进入蚕房；小蚕期注意盖好薄膜，蚕眠时可用蚕匾盖好；蚕期开长夜灯防鼠；用废柴油、机油、黄油三油混合抖匀，涂在鼠洞四周，老鼠进出时身体粘了油，再粘染泥土，觉得体太累重，会用舌头舔油泥，三油进入胃肠，使鼠内脏腐蚀而死。

五、家蚕蚁害预防

蚂蚁是养蚕的大敌之一，在养蚕过程中，许多蚕农由于没有经验。在养蚕前没有做好预防工作，当蚕儿受到蚂蚁侵害时，感到束手无策。一般在专用蚕室养蚕的，在养蚕前经过严格消毒后，养蚕中很少发生蚂蚁危害蚕的现象，但是在室外大棚养蚕蚂蚁的危害十分普遍。养蚕如何防蚂蚁，成为养蚕全过程防病除害的重要一环。下面介绍五种防除方法。

（一）喷施药物

在我国饲养家蚕的地区，应在养蚕前7天，在蚕室门、窗外围施以"灭蚁特效诱杀粉"，即可杀死周围有害蚂蚁而对家蚕无影响。在蚂蚁经常出没的地方，施以"灭蚁特效诱杀粉"，引诱蚂蚁来搬运回巢取食；5~7天后，该药在巢内相互传递、舐吮，即可达到全巢杀灭的效果。

（二）投药诱杀

在饲养家蚕地区，在蚁穴、蚁路或蚂蚁经常活动的地方直接用"灭蚁蟑"诱杀，一包"灭蚁蟑"分成5~6份，每份约0.8~1g，可毒杀5~6巢蚂蚁。发现蚁量特别多的蚁穴，剂量加倍。注意不要将"灭蚁蟑"撒在桑叶上，以免蚕随桑叶吃下中毒。在未发现蚁穴、蚁路和蚂蚁的情况下，每间蚕室用一包"灭蚁蟑"，分成10~12份，每份0.1~0.5g，进行定点诱杀。投药时间，6:00—18:00均可，最佳投药时间为9:00—10:00，15:00~18:00，这段时间为蚂蚁活动盛期。

养蚕期可以在蚕室周围及墙角撒一圈防蚂蚁的药如氯丹粉或

灭蚁蟑等，如果用蚕架养蚕的，在蚕架四角也撒一些氯丹粉；大棚养蚕的将蚕棚四周扫除干净，靠近棚壁四周，每隔10m放一纸片，上放10粒左右灭蚁净，为了防止风吹，可以用石块压住纸片一角，隔几天检查一次，及时添加灭蚁净。也可以在蚕下地前用氯丹粉拌干细土，均匀地撒到地面上，然后撒上一层焦糠或经消毒的稻草后再放蚕饲养。在蚕室四周撒围一圈氯丹粉，蚂蚁闻到气味会逃避，但药粉不能接触蚕体。如果蚕座上已经发生蚁害，可以在蚕座上撒一些有刺激气味的蚕药驱赶如漂白粉或防病一号等，然后人工把蚂蚁消灭掉。

（三）撒蛋壳粉

可取鸡蛋数个，放入锅内烧至将焦时取出，研成细末，撒在蚂蚁经常出没的地方，蚂蚁即可很快被消失。

（四）灌蚁巢

若室内发现蚂蚁巢，可用沸水、煤油、碱溶液等浇灌进去杀死，一般在黄昏时蚂蚁归巢后，开始灌入蚁穴，然后用粘土堵塞洞口。

（五）投放蚂蚁喜吃食物

如动物骨头、含糖食品等引出蚂蚁，聚集后用火烧或沸水烫。

第三节　蚕业消毒

目前的蚕桑生产过程是一个开放的系统，也就是病原体可随时通过各种途径进入蚕座，接触家蚕引起感染；同时养蚕也是一个向环境排放病原体的过程。随着养蚕的进行和次数的增加，环境中的病原体数量也在增加。生产中若不采取措施控制病原体扩散、污染，病原体数量只会不断增加。因此，必须消毒，即应用物理、化学方法可以清除或杀灭环境中的病原微生物及其他有害微生物，以控制和预防各种传染性蚕病的发生，夺取蚕茧、蚕种优质高产。养蚕生产中应用的消毒方法，按其性质区分有物理消毒和化学消毒两类；按消毒范围来分有蚕室、蚕具、蚕座、蚕体和蚕卵消毒；按消毒时期来分，有蚕前、蚕中及养蚕结束后消毒等。

一、物理消毒

物理消毒就是利用光、热和蒸气等物理因素杀灭或消除环境中病原微生物的消毒法。在养蚕生产中应用较广泛的物理消毒法有煮沸消毒、蒸气消毒、日光消毒和焚烧消毒等。物理消毒也是最为有效和最为经济的消毒法，但相对而言限制较多。

（一）煮沸消毒法

此法简单、方便、经济实用，效果可靠。主要用于一些零星蚕具，如蚕筷、小蚕网和切桑刀等。一般水沸腾以后再煮 30 分钟即可达到消毒目的。在水中加入 0.2% 甲醛可以增强消毒效果。消毒时应注意消毒时间从煮沸开始计时，被消毒物品应全部浸入水中；一次消毒的物品不宜过多，应少于消毒器具容量的 3/4；煮沸过程中不要加入新的消毒物品；消毒后应保持清洁防止再感染；煮沸棉织品（围兜、盖桑布等）时应适当搅拌。

（二）蒸气消毒法

此法是一种杀菌效果较全面和彻底的消毒方法，但需要一定的设备，即蒸气灶（或称消毒灶），主要用于蚕具、蚕架、蚕网等所有耐热的养蚕用具和物品。消毒时加入少量甲醛溶液可以提高消毒效果。一般灶内温度达到 100℃ 后保持 1 小时，然后停火、降温和出灶。消毒时应注意蚕匾等扁平物品宜垂直放置；零星蚕具宜分散放置，不宜包装；消毒物品以干燥状放入蒸汽灶为佳；蒸气灶密封性能要好，不然灶内温度难以达到 100℃，从而降低消毒效果；消毒时间从蒸汽冒出后计时。

（三）日光消毒法

日光消毒法是利用太阳直射光中的紫外线和红外线进行消毒的一种方法。日光下暴晒可杀灭各种病原体，但日光消毒只能杀灭表层病原，消毒不够彻底，且受天气的影响较大，所以只能作为一种辅助消毒法。在日光消毒时，要经常调换蚕具的正反面多晒几次，使蚕具等充分接受直射阳光的暴晒，有利于提高消毒效果。

（四）焚烧消毒法

焚烧消毒主要用于可以燃烧的一些养蚕用品，如使用过的蔟具（蜈蚣蔟和伞形蔟）和上蔟用的垫纸以及废弃蚕种等，这些物品可以通过焚烧达到彻底消毒的目的。

（五）堆肥

蚕沙是一种良好的有机肥，也有蚕农将其作为鱼或家畜等的饲料。但蚕粪中往往含有大量的病原微生物，其中的许多病原微生物在经过动物体后，对家蚕仍有致病性。若将蚕沙或家畜的粪便直接施入桑园，往往会造成桑叶污染。但是，将蚕粪和家畜的排泄物制成堆肥，经过一个高温腐熟的过程，这些病原微生物就会死亡，而且肥料的价值更高。

二、化学消毒

化学消毒就是利用化学药剂杀灭病原微生物的消毒方法。使用范围比物理消毒更为广泛，养蚕前和养蚕后的蚕室蚕具消毒，以及养蚕中的蚕体蚕座消毒、蚕室地面消毒、蚕具消毒和桑叶消毒等都可运用化学消毒法来进行。所以，化学消毒是养蚕生产中最重要的消毒方法。

（一）化学消毒的消毒方法

化学消毒根据消毒范围、对象和药品等不同，可采用多种方法。常用的有喷雾消毒、浸渍消毒、熏烟消毒、撒粉消毒等几种方法。

1. 喷雾消毒

喷雾消毒就是将消毒药品充分溶解于水（或溶剂）中，用喷雾器等机具将消毒液喷于消毒对象上的方法。它适用于蚕室、蚕具、蚕体蚕座、地面和桑叶叶面等的消毒。消毒时要做到：药品浓度配制准确，物品清洗干净，雾滴越细越好，保湿30分钟以上，避免在阳光和强风下进行等。蚕室消毒的用量一般在 $250mL/m^2$ 左右，蚕具消毒以充分湿润为标准，或按药品的说明书要求进行。

2. 浸渍消毒

浸渍消毒是将消毒物品放入配制好的消毒液中进行的消毒。主要用于蚕具和桑叶等的消毒。消毒时应注意消毒对象要清洗干净，消毒液浓度要配制准确。由于同一消毒液要重复使用，在消毒时，应根据不同消毒剂的性质，适时加入一定量高于消毒目的浓度的消毒液。

3. 熏烟消毒

熏烟消毒是将熏烟剂在密闭空间里加热或燃烧后发烟，利用烟雾进行的消毒。熏烟消毒主要用于密封条件较好的蚕室及蚕室内的蚕具、蚕体蚕座等的消毒，消毒时蚕具要架空，熏烟剂的用量、加热或燃烧方法要根据具体熏烟剂的种类而定。

4. 撒粉消毒

撒粉消毒是将粉末状的消毒剂均匀地撒布于蚕体蚕座等表面的一种消毒法。撒粉消毒时的消毒剂用量以表面成一层薄霜状为适度。

（二）常用化学消毒剂和使用法

蚕业消毒剂的种类非常多，但从消毒剂化学性质来讲主要有含氯消毒剂和甲醛消毒剂，其他还有石灰、硫黄和抗菌剂等。养蚕环境消毒药物及使用方法见表8-2，蚕体蚕座消毒药物及使用方法见表8-3。

表8-2 养蚕环境消毒药物及使用方法

名称	作用与用途	用法与用量	注意事项
蚕用消毒净	对蚕室、蚕具和养蚕环境进行消毒，对家蚕的病毒病、细菌病、真菌病及原虫病的病原有效	100g 包装，加水 25kg 溶解，对蚕室地面、墙壁、蚕具表面进行喷洒，使表面湿润，保湿 30 分钟以上	使用时勿与石灰接触。金属、纤维、纸张不宜接触。蚕具消毒后晒干
消杀精	（同上）	110g 包装，加水 25kg 溶解，对蚕室地面、墙壁、蚕具表面进行喷洒，使表面湿润，保湿 30 分钟以上	对细菌芽孢的消毒效果稍差
消特灵	（同上）	125g 包装，先将每袋主剂调成糊状，然后加水 25kg 配成溶液，再加入辅剂即可。对蚕室地面、墙壁、蚕具表面进行喷洒，使表面湿润，保湿 30 分钟以上	主剂、辅剂不能直接相混，溶解顺序不能颠倒，蚕具消毒后晒干
漂白粉	（同上）	配制成含 1% 有效氯溶液，对蚕室地面、墙壁、蚕具表面进行喷洒，使表面湿润，保湿 30 分钟以上	溶液现配现用。金属、纤维、纸张不能接触。蚕具消毒后晒干
优氯净石灰浆	（同上）	配制成含优氯净 1%、石灰 0.5% 溶液，对蚕室地面、墙壁、蚕具表面进行喷洒，使表面湿润，保湿 30 分钟以上	石灰必须新鲜，边喷洒边搅拌，防止石灰沉淀，蚕具消毒后晒干
福尔马林石灰水	（同上）	用饱和石灰水配制含甲醛 2% 溶液，对蚕室地面、墙壁、蚕具表面进行喷洒，使表面湿润，喷洒后保持 24℃、4 小时以上。密闭一昼夜	有强刺激性气味，消毒要戴防毒面具。溶液现配现用，蚕具消毒后晒干

表8-3 蚕体蚕座消毒药物及使用方法

名称	作用与用途	用法与用量	注意事项
灭僵灵	蚕体蚕座消毒，防治蚕真菌病（僵病），兼防病毒病、细菌病和微粒子病	市售制剂 1 份与 32 份新鲜石灰粉混合配成有效成分 3% 的防僵粉。正常情况在收蚁后第一次给桑前和各龄起蚕各使用一次。发现真菌病每天用药一次。以蚕体上有一薄层霜状为度	与石灰混合后，不宜储放过久

桑蚕高效生态种养技术

（续表）

名称	作用与用途	用法与用量	注意事项
漂白粉防僵粉	（同上）	用市售漂白粉与新鲜石灰粉混合配成2%有效氯防僵粉（小蚕用）或3%有效氯防僵粉（大蚕用）。正常情况在收蚁后第一次给桑前和各龄起蚕各使用一次，多湿天气各龄中增加使用一次。发现真菌病每天用药一次。以蚕体上有一薄层霜状为度	现配现用，使用后当天除沙
防病一号	蚕体蚕座消毒，防治家蚕真菌病（僵病），兼防病毒病、微粒子病	市售制剂分1~3龄小蚕用和4~5龄大蚕用两种。正常情况在收蚁后第一次给桑前和各龄起蚕各使用一次，多湿天气各龄中增加使用一次。发现真菌病每天用药一次。以蚕体上有一薄层霜状为度	使用时不宜喂湿叶
优氯净熏烟剂	蚕体蚕座消毒，防治家蚕真菌病（僵病）	按蚕室每立方米空间用药量为1g计算实际用药量。将市售制剂（50g装，含主剂和辅剂各一包）拆开，把主剂和辅剂混匀，装入原纸袋，点燃纸袋，吹灭明火，即会冒烟，关闭门窗30分钟，打开门窗通风换气。正常情况在各龄起蚕前使用一次，多湿天气各龄中增加使用一次，发现真菌病每天用药一次	对金属有腐蚀作用
石灰粉	防治病毒病，兼有干燥蚕座作用	块状生石灰慢慢加水形成的新鲜石灰粉直接使用。1~2龄将石灰粉与焦糠按3：7比例混合后使用，3龄起每天撒石灰粉一次。发生病毒病时，每天早晚各使用一次，以蚕体蚕座上撒一薄层为度	石灰粉必须新鲜；就眠初期可撒石灰粉，就眠后期不要使用

第九章　蚕桑资源综合利用

传统的栽桑养蚕模式只是为了"一根丝"在工作，而桑树的根、茎、叶、果以及蚕蛹、蚕蛾、蚕沙等蚕桑资源大多被闲置，资源利用率不足3%，严重制约着蚕桑生产的整体经济效益。近年来，随着科学技术的不断进步，蚕桑资源已在日用化工、食品和医药等领域得到了广泛地利用。传统模式已被打破，蚕桑资源利用的多元化格局已经形成。现将部分适合蚕农及养蚕大户借鉴的蚕桑资源利用情况介绍如下。

第一节　桑叶利用

桑叶是桑树的主要产物，也是栽桑养蚕的目的收获物，含有丰富的蛋白质、糖类、有机酸、生物碱、维生素、氨基酸以及钙、镁、磷、铁、锌、钠、铜等多种营养元素，是国家卫生部确认的"药食同源"植物，具有降血糖、降血脂、降血压、抑制动脉硬化、抗菌、抗病毒、抗氧化、抗衰老、美容、祛斑、清火、明目等功效。桑叶及其提取物安全无毒，是一种很好的新型天然功能健康原料，日常食用桑叶系列健康产品，将成为当今世界饮食结构的新时尚，因而开发桑叶系列产品会有广阔的发展空间。为此，特将部分桑叶系列产品的加工与应用介绍如下。

一、桑叶茶制作

春季可结合摘芯适时采摘桑树顶部桑芽，用于制取精品桑芽茶；也可于春季、晚秋时期采摘桑枝中上部无农药残留、无病虫害污染的嫩桑叶，除去叶柄。根据桑叶老嫩程度，分别处理。经过萎凋处理、杀青、揉搓、焙炒干燥等几道工序即可。

二、桑叶菜用

桑叶菜，又名桑芽菜，是采摘桑树枝干上的芽头为辅料或者主料进行制作的一种菜的名字，是最近流行的一种菜式。桑叶可吃由来已久，1981 年和 2002 年卫生部公布的药食同源名单中均有桑叶，再加上 2003 年非典期间、2009 年甲型 H_1N_1 流感病发生时和 2013 年甲型 H_7N_9 流感的爆发时，国家公布的中医药诊疗方案中均有桑叶，桑叶作为一种药材持续受到大家的关注。桑叶上饭桌，色、香、味具佳，桑叶即使煮熟了，也能长时间地保持青绿，散发清香。而且，桑叶可以任意地配搭鸡、鸭、鱼和肉等菜品，不光好看，而且吃起来有一种特有的甘香。大家可以自由研发，现已开发成功的有干桑叶菜、凉拌桑叶菜、桑叶猪排汤、桑叶猪肝汤、桑叶蛋花汤、桑叶茶炖土鸡、桑叶面点等几种。

三、桑叶饲料

桑叶营养丰富，其养分含量高于其他树叶。干叶中粗蛋白约为 22%，粗脂肪约为 6%，可溶性碳水化合物约为 25%，粗纤维约为 10%，并且富含维生素 C、维生素 E、胡萝卜素等营养成分，钙的含量超过红虾，硒的含量胜过大蒜。桑叶的营养价值，与苜蓿相仿，比禾本科牧草高 80%~100%，配合桑叶饲料可提高饲料的营养价值。大量试验表明，将一定比例的桑叶粉添加到鸡、猪、牛、羊等的饲料中喂养后，这些家畜、家禽的品质、口感及营养成分都得到了很大改观，其经济效益都得到了成倍的增加。

（一）桑叶粉添加鸡饲料

将桑叶及未木质化的枝条伐下阴干或晒干后，用粉碎机粉碎，桑叶粉按照5%左右的比例添加到鸡饲料中就可以了。喂桑叶的肉鸡肉质更细，香味更浓，口感特别好，而且鸡蛋的营养成分也提高了，特别是维生素 E 的营养成分比普通鸡蛋高 3~5 倍，蛋黄的比例也明显变大并且颜色更黄，蛋壳的强度也有提高，并且这种鸡的鸡舍氨气浓度也有明显下降。

（二）桑叶家畜饲料

桑叶作为饲料尤其是青绿饲料的最显著特性是具有很高的消化率。另外，桑叶对所有家畜都具有很好的适口性，当动物首次接触桑叶时，很容易接受它而无采食障碍；如果动物已经熟悉了桑叶，则它会优先采食桑叶，而不是其他饲草。山羊对桑叶的干物质采食量很高。桑叶作为泌乳母牛的补充料，能够提高奶产量并降低饲料成本。桑叶作为幼犊牛的补充料，可以节约乳或代乳料的消耗量。猪饲料中添加 10%左右的桑叶或桑叶粉，不影响育肥猪生长速度，可降低猪板油率和背膘厚度，提高肌肉肌苷酸、脂肪含量。

四、桑叶其他应用

桑叶还可以加工成饮料、化妆品和着色剂等，另外，桑叶加入不同材料还能制成具有不同药用价值的茶或中药。加入荷叶、菊花可制成桑荷菊茶；加入花生仁、冰糖，可制成花生霜桑叶茶；加入菊花、苦竹叶、白茅根、薄荷，可制成桑菊竹茶；加入生蜜，可制成桑蜜茶；加入夏枯草、菊花，可制成夏桑菊茶；加入枇杷叶、野菊花，可制成桑叶枇杷茶。除上述外，很多药书中对桑叶都有介绍，还有许多特殊的用途，有兴趣的可以查看一下。

第二节　桑树枝条利用

桑树枝条是蚕桑生产中的重要产物，占桑园年产干物质量的60%以上，是蚕桑资源中生物量占有比例最高的物质。在传统的蚕桑生产中，桑枝只有少部分用作燃料，但大部分被废弃，其资源价值没有得到很好开发。近年来随着蚕桑资源高效利用的不断推进，桑枝的资源价值也得到了更多的关注。在医药、食品、化工及纺织等领域具有极高的使用价值，在食用菌栽培、制板、造纸及药用等领域的应用较为广泛，为桑枝资源的进一步开发和利用提供了很多可借鉴的经验。

一、桑枝栽培食用菌

桑枝栽培食用菌在我国主要蚕区都有不同程度的推广，已有多个成功的典范。将桑枝粉碎作栽培食用菌（鲜菇、桑枝大球盖菇、黑木耳、灵芝、香菇等）的原料，可以提高蚕桑资源的综合利用价值，拉长蚕桑产业链，拓展蚕桑增效途径，减少自然林木的消耗，保护生态环境，从而有效地实现社会、经济、生态三效统一。

二、桑枝其他方面利用

桑枝的生物质能源既环保清洁又是可再生能源，可以作为一种纤维原料对其进行燃烧用于生物发电；桑皮纤维属韧皮纤维，有较高的附加值且纯天然，具有纤维较长、耐性强、长宽比大的特点，可对新型天然纺织原料、桑纤维、桑树皮进行深度开发，使其附加值大大提高，目前国内已经生产出了桑皮纤维衣服样品；采用桑枝重组技术，可对桑枝进行加工，制造的桑木地板和木料品质优良，可与红木媲美，给消费者提供更大的利益和选择性；桑枝还可以造纸，在造纸技术中，桑枝是较好的原料，桑枝全杆造纸和桑皮纤维造纸技术在国内已有应用；桑枝作药用，桑枝中的桑素、桑色素、桑酮等成分，具有消炎、降血糖、祛风活络、通利关节、抗黑色素生成等功效，是传统中药材，将桑枝收集，加工成片，作为中药材是桑枝药用的新途径。

第三节　桑果利用

桑果是桑树上所结的一种及富有营养价值和保健功能的果实。桑果 1993 年被卫生部列为"既是食品又是药品"的植物名单，它是集营养、保健、药用于一身的第三代水果中的新贵，被誉为"21 世纪最佳保健圣果"。常吃桑椹能显著提高人体免疫力，桑椹具有延缓衰老、补血滋阴、防癌抗癌、清肝泻火、补肝益肾、生津润肠、乌发明目、抗炎解毒、健脾胃、利关节、去风湿、解酒、消渴安神、美容美颜之功效，有助于防治脑出血、高血压、视网膜出血、慢性支气管炎、血管硬化、眼睛疲劳干涩等疾病。桑果可以鲜食，也可进行简易加工，如用桑果泡酒、加工果汁、制作桑椹膏及桑椹干等，还可深加工成饮料、果酒、果酱、果脯等。

一、桑果采收

河南省桑果一般在 5 月中旬始熟，当桑果由红变紫，果梗由青变黄白时表明桑果已经成熟，应予采收。桑果收获期在 15 天左右；桑果不耐储藏和运输，成熟后应于每天清晨组织人工采收。采收的桑果要避免挤压和暴晒。用于市场销售的桑果要进行人工选择，用小型泡沫箱包装运输。

二、桑果简易加工

(一) 桑果泡酒

选择时颗粒比较饱满、厚实、没有出水、比较坚挺的桑椹。一般桑椹可以不用洗直接浸泡。如果桑椹表面不干净，用自来水连续冲洗桑椹表面几分钟，再将其浸泡于淘米水中（可加少许盐），浸泡15分钟左右，再用清水洗净沥干后，选用60°左右的优质纯粮白酒，桑椹与白酒的比例一般采用1:2为宜，置入准备好的陶坛或者玻璃器皿中，密封浸泡1个月后即可饮用。忌用塑料和金属器皿，塑料和金属中容易析出有毒物质，或者产生毒化反应。桑果还可以和其他中药一起泡酒，配方需咨询中医。

(二) 桑椹发酵酿酒

桑椹发酵酿酒分家庭酿酒和工厂化两类，在此仅介绍家庭酿酒方法。采回的新鲜桑果不用清洗，利用桑果表面上的野生酵母自然发酵。可以用手把桑果挤碎，也可用组织破碎机将桑果打碎，尽可能将囊包打破为宜，渣汁一起入专用的果酒发酵罐（也可用玻璃瓶或陶罐），放入冰糖（也可以是白糖），比例是500g桑椹汁液加100g左右的冰糖，糖的作用主要是发酵成酒精。将糖和桑椹汁液搅匀后，玻璃瓶或陶罐的盖子上要包上几层纱布，纱布既能解决盖子的贴合度问题，也不会密封太严，因为发酵的过程会产生大量的二氧化碳，如果密封太严，可能会把容器胀裂甚至爆炸，专用的果酒发酵罐就不存在这些问题。不管哪种发酵罐，上面要留1/3左右的空间，防止发酵后酒液流出。盖上盖子后，放到22℃左右的通风环境中，切记不能太热，温度过高果酒容易变酸。大约经过20~30天，桑椹酒液基本就酿好了，用3~4层纱布（也可以去超市买煲汤袋）将酒液和渣子分离开，就可以喝到酸甜可口的桑椹酒了。如果把过滤好的桑椹酒液放入葡萄酒瓶中，并密封好，放上3~6个月再喝，味道会更好。

（三）桑椹果酱做法

桑椹果酱的配方为桑椹 500g，白砂糖 40g，麦芽糖 30g，柠檬汁 20g。制作时先将桑椹清洗干净，用淡盐水浸泡 10 分钟左右再用清水冲洗一次，用剪刀将蒂剪掉，沥干水份备用。将沥干的桑椹倒入不锈钢锅中，加入白砂糖，拌匀，静置半个小时；开小火煮桑椹，温度升高后桑椹便开始软化了，煮开后转小火熬煮 15 分钟左右，期间用铲子多搅拌几次，以免粘锅；看到桑椹基本融化，可将火转成中火，边搅拌边熬煮，5 分钟左右；倒入麦芽糖，开大火，边搅拌边熬煮，5 分钟左右，再加入柠檬汁搅拌均匀，看到酱变得黑而很黏稠了关火；关火，晾凉，装入密封容器里。密封容器要用开水煮 10 分钟左右，晾干水分，晾凉的果酱入瓶密封，冰箱冷藏食用即可（熬好的果酱最好在一周内吃完）。

（四）桑椹膏做法

桑椹膏滋补肝肾，对神经衰弱引起的失眠、心脏病、关节炎、支气管炎等症有很好的辅助治疗效果，对大便燥结和习惯性便秘显效，尤适宜有虚热的老年人服用。取新鲜桑椹洗净滤干，用搅拌器打成糊状，加蜂蜜和麦芽糖，桑椹、蜂蜜、麦芽糖的比例为 5：2：1，同置于砂锅或陶瓷锅中，以文火加热，并随之搅拌，熬至成稠膏状，冷却后装瓶即可。

（五）桑椹干做法

选采八九成熟的桑椹，置于 1%~3% 的盐水中，洗去泥沙和粉尘，拣去杂质后进行晒干或烘干即可。

第四节　家蚕幼虫利用

喂养家蚕一般是为了能吐丝结茧，但家蚕幼虫除了能吐丝结茧外，还有很多别的用途，如可以直接把家蚕幼虫加工成全蚕粉用于治疗糖尿病，也可以用于培育药用价值极高的蚕虫草和药用僵蚕，还可以作为小孩的宠物来喂养等。

一、蚕虫草人工栽培

资源稀缺的野生冬虫夏草作为传统的珍贵中药和滋补品，市场一直供不应求。而利用家蚕幼虫为培养基栽培的虫草简称蚕虫草，经测定其所含营养成分与野生虫草相当，有些甚至超过，是野生虫草重要的、理想的替代品，愈来愈受到市场青睐。家蚕是人工饲养最多的昆虫，利用家蚕幼虫栽培虫草有着丰富的可利用资源。另外，采用蚕幼虫作栽培材料较蚕蛹所需工时短、节省劳动力、成本低。因此，利用家蚕幼虫栽培虫草可取得显著的社会与经济效益，同时也为蚕业的综合利用开拓一个新领域。

二、全蚕粉加工

家蚕幼虫体干物的主要成分是蛋白质、可溶性无氮物、粗脂肪和人体所需的多种氨基酸和矿物元素，并富含多种活性物质，其中1-脱氧野尻霉素具有显著的降血糖作用，α-亚麻酸等不饱和脂肪酸具有调节血脂的作用，丰富的氨基酸具有护肝作用。韩国已将大部分家蚕幼虫加工成了全蚕粉胶囊用于治疗糖尿病，目前我国也有多家生产。现将其加工方法简单介绍如下。

将5龄第3天的家蚕放在24~25℃环境中，使已食下的桑叶消化排出蚕粪。注意蚕勿堆积过厚，防止感染蚕病。放置2~3天后，检查蚕粪是否排泄干净，若没挑出另行放置，使其体内无残留物为止，同时要剔除一些不健康的蚕。将干净的家蚕用低温或冷冻干燥方法使之成为水分含量低于10%的干蚕。可用常规粉碎和超微粉碎的方法将其粉碎为有利于蚕体中功能成分被人体吸收的超微粉。

三、药用白僵蚕培育

白僵蚕是家蚕幼虫在吐丝前因感染白僵菌孢子而发病致死的干涸硬化虫体，由于其体表密布白色菌丝和分生孢子，形似一层白膜，故名白僵蚕。白僵蚕是一味常用中药，具有祛风解痉、化痰散结的功效，临床多用于治疗咽肿痛、瘰疬、风疮瘾疹等。在蚕期一般会有少量发生，不易收集。通过人工培育的方法可以获得大量的药用白僵蚕，方法非常简单。但应在非蚕区专业化进行，以免对茧蚕带来毁灭性的影响。饲养和加工的时间，全年都可以进行。

四、家蚕幼虫其他用途

家蚕幼虫除上述用途外，还是开展生物技术研究的基础材料。另外还被许多中小学生当作宠物来饲养。

第十章 桑园复合经营

由于气候条件的影响，用于养蚕的桑园从 11 月至翌年 4 月近 6 个月处于闲置，导致桑园中的光、热、水等自然资源浪费，幼龄桑园因枝条较少也同样面临大量资源浪费的问题。因此，如何通过复合利用桑园，来提高单位面积桑园的全年经济效益，促进蚕农增收，已成为摆在我们面前的重要课题。近年来，各地蚕农及科技工作者做了大量试验，取得了不少成功的经验。如在桑树行间套种蔬菜、瓜果、中药材、食用菌等经济作物以及在桑园里养殖家畜、家禽等，都很好地解决了冬闲和幼龄桑园资源浪费等问题，对巩固蚕桑基础，增加蚕农收入，提高蚕业综合经济效益，促进蚕桑生产又好又快发展具有重要意义。

第一节 桑园套种

桑园套种是在不影响桑树生长的前提下，利用桑树生长空闲季节，在桑园内套种多种适宜的经济作物，使土地、光照、水分等得到充分利用，提高桑园综合产出率。桑园套种有利于桑园土壤养分的平衡，改善土壤的生态环境，实现蚕桑与其他经济作物生产的双赢。如果计划进行桑园套种，在做栽桑规划时就应考虑选择枝条较直立的良桑品种和宽行密株的栽培模式以及具备旱能灌、涝能排的灌溉条件等因素，达不到上述要求的桑园不具备套种条件。另外，虽然适宜桑园间作套种的作物种类很多，但在决定套种前一定要进行系统的市场调研，选择适销对路且可以长期贮存或可以就地进行初级加工的作物，否则生产出了大量没有销路的产品，会造成更大的经济损失。

一、桑园套种蔬菜

桑园在冬季"光条期"、夏伐"休闲期"以及"未成林期"均可套种蔬菜，凡适合在当地、当季种植的蔬菜均可在桑园套种。但要注意桑园内的套种，必须以桑为主，切不可栽种对桑树影响大的高秆作物和牵藤作物。蔬菜品种要选择短、平、快的品种，通过前期育苗，在桑园定植移栽，减少打药对养蚕造成不良影响。用药时要错开桑叶采摘期，施药以灌根为主。尽量采用残效期短的农药，分片防治。采桑前先试喂，确定无毒后方可采叶喂蚕。

（一）桑园套种大蒜

大蒜为多年生草本植物，多作一年生蔬菜栽培，宜在凉爽季节播种，一般收获蒜苗的可以从9月份播种到来年春节至清明之间采收，收获蒜苔的可在4月下旬至5月初采收。利用冬春桑园空闲时间，于晚秋蚕结束后在桑园套种大蒜，不仅可以提高土地利用率，也能取得很好的经济效益。

（二）桑园套种马铃薯

马铃薯为一年生草本块茎植物，为粮菜兼用作物，是世界上仅次于稻、麦、玉米的第四大粮食作物。我省传统为春秋两季栽培，近几年黄河以南的地区利用冬季气候较温暖的优势，改变传统种植模式，改用地膜覆盖冬种马铃薯，可以提早到4月收获，抢早上市，售价较高，效益较好，发展前景较广。

（三）桑园套种榨菜

冬季桑园套种榨菜是充分利用桑园的一种好的模式，榨菜冬季种植与养蚕时间上不冲突，蚕农冬季较闲也有时间管理。榨菜产量很高，每亩效益不错，市场缺口较大；既可以卖新鲜榨菜，还可以初加工后出卖，因此，有较好的市场前景。

二、桑园套种中草药

桑树套种药材，同样具有提高土地利用率，增加蚕农收入和降低蚕桑生产市场风险的作用。适宜桑园套种的药材很多，如半夏、白术、前胡、元胡、浙贝等，特别是未成林桑园行间一年四季都可种植。

三、桑园套种牧草

合理利用牧草的生长特性，科学安排轮作或套种模式，使牧草发挥最佳的增收效果。桑树在冬季处于休眠期，此时套种牧草对其影响不大。由于桑树枝干的御寒作用，桑园内套种的牧草其生长速度及利用率皆高于露天种植的牧草。利用冬闲桑园套种牧草，是解决冬季畜禽缺草矛盾的一个好办法，可降低饲养成本。同时，畜禽粪便又是一种肥效高且持久的迟效性优质肥料。同时牧草也可作为绿肥用，是一种优质有机肥，能有效改良土壤，提高肥力。成林桑园冬季可以套种，未成林桑园四季均可套种。

四、桑园套种油料作物

幼龄桑园枝条较少，桑园郁闭度较小，可以通过套种花生、大豆、芝麻等油料作物来弥补养蚕收入。

（一）桑园套种花生

花生是河南省主要油料作物，河南省花生素以品质好、含油量高等优点在国内外市场享有较高的声誉。可以选用优质高产良种豫花7号、豫花15号、豫花9327、花育19、花育16、鲁花11等品种进行栽培。

（二）桑园套种大豆

大豆是我国传统的粮油兼用作物，既是粮食作物，又是工业原料和饲料作物，其营养价值仅次于肉、奶、蛋，蛋白质含量高达40%左右，它的枝叶还能肥田养地，培养地力。河南省各蚕区都适宜大豆种植。可以选用高产、稳产、优质、抗逆性强、适应范围广、符合品种标准的种子，如中黄13、豫豆22、豫豆25、豫豆29等品种进行栽培。种植大豆要结合本地雨水条件和品种特性及土壤肥力来选择品种。如干旱少雨地区，宜选用分枝多、植株繁茂中小粒、无限结荚习性品种；雨水充沛地区，宜选择主茎发达、秆强不倒、中大粒、有限结荚习性品种。

五、桑园套种瓜果类作物

成林桑园、未成林桑园还可以套种一些瓜果类作物。如套种草莓、西瓜、圣女果等。

第二节　桑园养殖

桑园有较大的利用空间，其小气候安静少风、温度稳定、湿度适中，环境洁净卫生，适于家禽、家畜的活动和栖息。近年来，科技人员和蚕农在桑园里试养鸡、鹅、牛、猪、羊等，取得了不少成功的经验，但以桑园养土鸡技术最为成熟。因此，本书以桑园养土鸡为例进行简单介绍。

一、桑园养土鸡的优势

（一）蚕农大幅增收，提高了亩桑效益

桑园鸡的生长周期短，放养90天左右就可以出栏，很好地利用了桑树休眠和生长缓慢的间歇时机。每亩桑园可饲养100只土鸡，一年可以饲养两批，每只鸡按增收10元计算（实际上远不止），每亩桑园可以增收2 000元。

（二）形成了良性的生态循环，降低了桑园的生产成本

鸡通过啄食、践踏，抑制了桑园的杂草生长，除去了桑园里的害虫；鸡粪的回园入土，增强了桑园的肥力，做到了免除杂草和施肥的两省力，可以大大节约生产成本。

（三）发挥了养蚕设施的作用，有效地降低了养蚕成本

蚕农利用养蚕大棚空闲时间段进行养殖，不需另建养鸡设施；采用桑园放养，充分利用了桑园场地，省去了鸡场土地的租赁费用；一个人可以管理一个大棚、10亩桑园，省去了人力成本费用。

（四）提供了天然绿色食品

桑园鸡肉质鲜嫩，取食桑园里的昆虫和杂草，饲喂玉米、大豆等混合饲料，不含任何添加剂，是纯天然绿色食品，营养价值极高，有很强的市场推广价值。相对于其他饲养土鸡，更有成本低、生长周期短、相对价格高的优势，备受市场青睐。

二、主要养殖技术

（一）制定饲养计划和放养批次

为确保饲养的土鸡能在每年销售旺季出售，达到经济效益最大化，根据市场供求需要，制订中秋、春节等节假日的销售计划。每年分2批育雏及饲养，养成后及时投放市场，获取更大收益。

（二）做牢做好四周围网

做牢做好桑园四周围网，主要目的是防止鸡受外来侵害或外跑。苗鸡投放前，在桑园四周用水泥杆、竹竿或粗树干栽桩，再用网格2cm×2cm、高2m左右的渔网或塑料格网进行围网加固。在放养期间要每天进行巡视，确保围网完好，发现漏洞要及时补好。

（三）因地制宜搭建鸡舍

在桑园一边有遮阴的地方搭建鸡舍，既要保证遮风挡雨、通

风透气，又要方便饲养管理。鸡舍面积视饲养量而定，密度以每平方米 8~10 只鸡为宜，防止过密而造成相互踩压受伤或高温中暑，同时鸡舍要采用多层竹木上下层错开搭建方式，确保鸡能自然栖息。鸡舍四周开挖排水沟，防止雨水进入。鸡舍内地表要堆放一层杂草，定期清理和消毒，防止疾病发生。另外，还要建造一些产蛋巢，母鸡与巢的比例约为 3：1。另外，有条件的还可以设置一个沙场，因为土鸡有沙（土）浴的习性，干净身体，洗去寄生虫。园内应设置一些水槽，定期换水，水应充分消毒，保证有清洁的饮水。

（四）选择适宜品种

三黄鸡、广西麻鸡、浙大黄、固始鸡、仙居鸡、福建青鸡等中、小型的迟速型鸡，具有对环境要求低、适应性广、抗病力强、活动量大、肉质上乘等特点，比较适合野外养殖。

（五）严把育雏及生长关

（1）搞好育雏。育雏是桑园放养土鸡成功的关键环节。一是掌握适宜的温湿度。温度控制在 28~30℃，湿度控制在 65%~70%。二是合理使用饲料。从出壳后 20 天内，用膨化饲料饲养，无膨化饲料时，最好将饲料烫熟，凉干喂养，以减少肠道疾病。三是加强饲养管理。要做到少量多餐、水源清洁不间断和育雏室清洁卫生，及早防治球虫病、白痢病、禽流感等疾病。

（2）适时放养。一般掌握在 4 龄期以上为宜。此时投放，鸡不易发病，成活率高。温度高时，育雏时间可适当缩短；反之，适当延长育雏时间。

（3）投放密度要合理。桑园养鸡，密度以每亩不超过 100 只为宜，既要考虑桑园利用率，也要考虑饲料供应。

（4）做好饲养阶段的饲料补充。从育雏饲养阶段完成到后 20 天内，可添加 20% 的青饲料（即白菜、南瓜、胡萝卜、芹菜等蔬菜）和玉米面等杂粮粉碎拌合喂养。因蔬菜含大量的维生素及各种营养成分，使土鸡美味大大提高，又可大幅度降低生产成本。从初育饲养阶段后90天内，该生成期各种青饲料（玉米、豆粕、麦麸等）的添加量可达到45%左右。注意拌料的湿度要掌握好，抓在手里不散不滴水即可。产蛋期青饲料减至35%左右较为科学。

（5）疾病防治。土鸡抗病力很强，但也要定期预防。按时定期注射鸡瘟、霍乱等疫苗，防患于未然。总之，在疾病方面，要比笼养鸡和圈养鸡省时、省力、省钱得多。

（6）坚持消毒防病制度。养鸡消毒防病要讲究实用和规范各种养鸡用具定期进行消毒，消毒药剂要对人和鸡安全、无残留。鸡舍周围和舍内地表每15~20天要进行清理杂物，并用2%的石灰水消毒；圈内地表杂草要勤换，每换一次就消毒一次。禁止不同品种、不同批次的鸡混养。成品鸡全部处理后，一定要及时对鸡舍和周围进行彻底清扫、冲洗和消毒，做到不留死角。

（六）注意事项

（1）野生动物危害要注意。防止黄鼠狼、蛇（雏鸡时期）、野狗、野猫等动物的危害。

（2）防止鸡群受惊吓。无论白天还是夜间，都应该尽可能防止鸡群受惊。

（3）防止农药中毒。土鸡在桑园内自由觅食，虽然能够吃掉大部分害虫，减少桑园虫害，但夏秋季节桑枝条上部仍可能发生虫害，在进行虫害防治的时候，必须谨慎选择农药品种，一般使用毒性小、残留期短的广谱农药，同时在使用农药的时候，鸡应圈养3~4天，以防误食。

（4）培养鸡群傍晚回鸡舍休息的习惯。个别土鸡会出现找不到鸡舍、不愿回鸡舍的情况，晚上不得不栖息在桑树上，因此应从雏鸡开始训练，使其归舍。

第十一章　蚕桑新机具应用

我国栽桑养蚕历史悠久，但长期以来，蚕桑生产一直保留着传统手工操作的生产方式，劳动效率很低。新中国成立后，在20世纪50年代末到60年代初的蚕桑生产恢复时期以及70年代至80年代蚕桑生产的快速发展时期，国内蚕业科研和生产部门引进、改造和研制了一系列蚕桑生产机械，对发展蚕桑生产具有重要的推动作用。特别是国家农业部批准设立国家蚕桑产业技术体系、成立了设施与机械研究室以后，蚕桑生产机械设备的研发水平不断提高，一大批蚕桑新机具如雨后春笋般陆续投入使用，正推动着传统蚕业向规模化、省力化和优质高效的现代化经营方式发展。

第一节　桑用机具

桑园管理工作主要包括耕耘、除草、施肥、灌溉、伐条、剪梢、采叶、病虫害防治等方面。传统的桑园管理基本靠人工完成，用工量很大。近年来随着蚕桑科技的发展，桑园管理大都可以借助机具来完成，具有省工、省力和高效的特点。现将部分桑用机具简介如下。

一、旋耕机

中耕、除草、施肥及灌溉等作业在桑园管理中是用工量比较大的工作，近来全国各蚕区都在推广使用多功能旋耕机来完成上述操作，效果非常好。

小型多功能旋耕机可用于山地、坡地、沙石地等各种地质的桑园，具有操作方便、污染少、耗油省、方便携带、功率大、作业效率高等特点，适合菜地、果园、桑园等多用途作业。生产上，使用旋耕机进行中耕、除草、施肥及灌溉与传统的人工方法相比，可提高效率数十倍，一台旋耕机一天可以管理桑园 10 亩以上。各乡镇农机部门都有销售，可供选购的品种品牌很多，蚕农可以参考当地农民的使用效果进行选购。且价格不高，一台机器 3 000 元左右，还可以申请农机补贴，很适合养蚕大户或专业合作社使用。但采购时要根据当地的土质、使用者的体力及桑园的种植模式进行选购，男劳动者及黏土和行距较宽的桑园尽量选功率、体积较大的柴油动力机，女劳动者及沙壤土和行距较小的桑园可选功率、体积较小的汽油动力机。

二、桑树伐条机具

在蚕桑生产操作管理过程中，桑枝剪伐是一项季节性强、劳动强度大的重要工序，并且长期以来一直沿用传统的手工剪伐方式，该修剪方式不仅易损伤桑枝表皮，且工效低。而桑树伐条机的问世，彻底解决了这些问题。使用桑树伐条机剪伐后的桑枝不破皮、截面光滑平整，能够减少树液流失，加快伤口愈合，促进潜伏芽萌发，增加桑叶产量，且工效高，省时省力。目前国内用于桑树伐条的机具种类比较多，简介四种常用的供参考。

（一）充电式桑树伐条机

该机可比常规手工桑剪提高效率 2~3 倍，长时间使用优势更明显；操作简单省力，按动开关即可操作；采用安全电压，无危险；剪伐的桑树枝条截面平滑、无损皮；每次充电仅需花费 0.2 元的费用；采用相关的直流技术，零排放、无污染；机器后面装有过载保护器，当剪伐过载时，保护器会自动跳开，20 秒后按下保护器按钮即可操作，可延长电机和电瓶的使用寿命。可以剪伐果树、竹木、绿化苗木的枝条。换上其他磨片或者切割片，具有打磨、切割等功能。伐条机重 1.0kg，常规可剪直径 30mm 的枝条，最大可剪直径 50mm 枝条；蓄电池重 8kg 左右，48V 电压，充电时间约 5 小时，充满电后可持续使用 3~4 小时；还可选择配专用插头连接器由电动车电瓶供电，36V、48V、60V 直流电压均可用，可供用户选择的电缆线有 5m、10m、25m，使用时注意人工变换极性，确保切割片正常运转。

（二）电动桑剪

电动桑剪是一种可用作修剪桑树枝条的电动工具，可修剪直径 25mm 硬枝、30mm 软枝，且能反复充电使用，安全，省力，高效。

电动桑剪的刀片采用钨钢制造，经久耐用。每天可连续工作 8 小时，使用寿命长达 2 000 小时。工作时噪音低，能够减轻生产工人的劳动强度。电动桑剪的生产效率是传统手工剪刀的 2~3 倍，减少了用工人数，降低生产成本。并且使用灵活，转弯自如，安全可靠，维护简单，刀片更换操作方便。连续作业 1.5 小时耗电 1 度左右，节能效益显著。双刃刀设计，可双向修剪，效率高，适合修剪或造型。耐用性好，故障率低。作业性能稳定，修剪质量能满足农艺要求。剪面平整度优于手工修剪，撕裂率小于 10%，修剪面整齐美观，芽叶萌发比手工修剪整齐，且萌发数较多。刀片跟着扳手走，卡死状态时，电路自检程序会启动马达监控，保护电机不会烧掉。

（三）电动割灌机

近几年，我省许多蚕区都在应用电动割灌机进行桑树伐条。在桑树剪伐中使用电动割灌机可有效缓解农村劳动力缺乏与桑树需要在短时间内剪伐之间的矛盾，节约劳力，提高效率，大大降低生产成本。电动割灌机也是我省近几年大力推广的一种新型伐条机具，很受蚕农欢迎。

该机具有良好的耐用性、性能高、马力强、操作方便、经济耐用、耗油量低、启动非常轻便、U 形的双把手、操作十分简单方便，适用范围广泛，可配各种刀具。比常规剪伐效率提高 10 倍以上，男劳力一天可伐桑树 20 亩左右，持续使用更能发挥优势，尤其在大面积桑园中使用效果显著；整机结构简单，单人即可操作，而且操作灵活，割茬高度可调，可在地里任何地方作业；长时间操作不手酸、臂痛，劳动强度小；剪伐的桑树枝条不撕皮、无损伤，切割质量能满足桑树剪伐的质量要求；切割能力强，可剪伐直径 1~3cm 的桑条。成本较低，剪伐成本只有人工的 1/3 左右。

（四）大桑剪

大桑剪既可伐条又可整枝，是桑园生产必不可少的工具。桑剪是一种简单的机械，由两根杠杆共用一个支点向相反方向来完成剪断工作，是用手臂力来操作的。

剪刀头有主刀与副刀。副刀为弯钩形，只起平衡作用，不起切断作用。主刀有刃口，是切断桑条的主要部分。使用它既省力，又能提高生产效率。它的特点是长柄、单刃、切口平整，一般每秒可伐一条桑条，用它可以剪断较粗的枝干。传统的单手桑剪，对于直径小于 1cm 的桑树条剪伐起来比较方便，而剪伐直径在 1cm 以上的桑树条就比较费力。新型省力翘头桑剪，其剪柄长 60cm，刀头部分比日常使用的单手剪稍大一点，使用起来不仅舒适度好，而且省力，在当今蚕桑生产缺少青壮年劳动力的现状下，尤其适合老年人和妇女使用。采用新型桑剪剪伐桑树枝条，原来需要 2 个多小时才可完成的修剪任务，现在只需要 40 分钟，可比原来的普通桑剪省力 70% 左右，提高工效约 50%。

三、采桑器

家蚕饲养所用桑叶，大部分是徒手采摘的，秋叶采摘要求留叶柄，不伤腋芽，不撕裂桑条皮。而徒手采叶往往由于手指采痛或为赶工效而捋叶，常常不能达到要求。另外，养蚕的采摘用工仅次于饲育工，是一项费用劳力的工序。快速桑叶采摘器的出现，既保证采摘质量，又节约用工，降低生产成本。

桑叶采摘器，该产品重量轻，不到150g，体积小，单手就可以掌握在手心，不管男女老少都可以简单掌握使用，采摘桑叶速度快，落叶少，独特的采摘集叶方式不伤桑叶，保持桑叶的完整性，便于保存。独特的卸叶系统把桑叶叶柄完整地剥离桑枝，不伤树皮。还能对桑树的腋芽、开叉的桑枝进行剥离，避免桑树营养分流导致桑叶长势不良，还能有效保护双手不被桑枝刮伤、划伤。使用时，将拇指与其他指分别插入指套，张开采桑器，挟住桑条，然后从上往下推，推时速度稍快，利用冲力使叶柄易于切断。采桑器切掉的桑叶不会掉落，而是收集在采桑器罩内、采完一枝后，可将罩内桑叶取出放入桑叶筐内，继续采其他桑条上的桑叶。用该器采桑可比人工提高工效3~5倍。

四、病虫害防治机具

（一）喷雾机

由于防病治虫、叶面施肥、养蚕消毒等劳动力需求较大但实际人力资源短缺，机械化、省力化防病治虫设备的配套已成为现代蚕业客观需求。桑园防病治虫、叶面施肥、养蚕消毒等都离不了喷雾机。喷雾机的种类很多。包括背负式喷雾喷粉机、背负式动力喷雾机、背负式喷雾器、背负式电动喷雾器、压缩式喷雾器、担架（手推、车载）式机动喷雾机、喷杆式喷雾机、风送式喷雾机等。不同类型喷雾机的工作效率、劳动强度差别很大，其价格相差也很悬殊。蚕农可根据自己的桑园面积和经济承受能力来决定选购哪种类型的喷雾机。

（二）光控雨控黑光灯

光控雨控黑光灯是利用害虫较强的趋光、趋波、趋色、趋性信息的特性，将光的波长、波段、频率设定在特定范围内，近距离用光、远距离用波，加以害虫本身产生的性信息，引诱成虫扑灯，灯外配以频振式高压电网触杀，使害虫落入灯下的接虫袋内，达到杀灭害虫的目的。

光控雨控黑光灯又称频振式杀虫灯，晚上自动开灯，白天和雨天自动关灯。安装时，开关旁边的小圆点——光感器，要对准13：00的太阳的方向（朝南），确保光感器正常工作。它诱杀的各种害虫超过1 500种，对桑园的桑毛虫、桑天牛、桑尺蠖、金龟子、灯蛾等害虫均能引诱杀灭，能大幅度降低田间落卵量，压低虫口基数，而且节能省电，成本低，保护天敌，减少化学农药的使用量，延缓害虫抗药性的发生，对人畜无害，减少环境污染，维护生态平衡。单灯控制半径80m；单灯控制面积30～60亩。启辉器采用高、低压两种启动方式，可以调整接线端子，既适应农村电网电压不稳的状况，也适应不同的供电方式。

第二节　蚕用机具

传统的桑蚕养殖基本上是以手工操作为主，需要耗费大量的人力、物力、财力，一度导致养蚕业陷入极大的困境，因此，加快桑蚕养殖新机具的研究与应用刻不容缓。近年来科技人员加大了研发与推广力度，在蚕桑生产上已成功使用了切桑机、喷粉机，有的还使用了给桑、除沙装置。在蚕室加温方面，电热器、电热管、补湿器、加密催青通风匀风机、催青箱、温湿度自控箱等。消毒大多使用消毒车、消毒灶、手压喷雾器及机动喷雾机。

特别是机械化蚕台在养蚕生产上的应用，使我国养蚕机械化水平向前跨越了一大步。虽然研发了不少新机具，但在农村的推广数量还不多。现将部分机具简介如下，以供参考。

一、自动加温补湿器

蚕属于变温动物，体温和外界温度基本一致，只有温湿度合理蚕儿才能生长发育良好，否则蚕儿体质减弱，发病率提高。因此，掌握养蚕的标准温湿度十分重要。但养蚕加温补湿是一项很繁琐的工作，不少蚕户顺其自然，不加温更谈不上补湿。有的采用"地火龙"或者煤炉加温，温湿度很难达到技术标准，总有不良气体危害蚕儿，甚至有养蚕人员因煤气中毒伤亡等事故出现。近年河南省引进推广的自动加温补湿器，改进了传统的加温补湿方式。能自动调节温湿度，控温控湿灵敏度高，控制性能好，能恒温、恒湿、恒气流，安全可靠，是一项科技含量较高、适用性较强的新产品，深受小蚕共育户和养蚕大户喜爱。

应用自动加温补湿器，无需专用小蚕共育室，只要利用现有的普通房屋，设置防护节能围帐，接通电源后，设定好温湿度就能饲育小蚕。通常情况下，围帐内温度升高10℃，同时使湿度接近饱和，约需半小时左右，控温控湿灵敏度±0.1℃。应用自动加温补湿器不产生有毒气体，气流循环，空气新鲜，可完全避免煤炉等加温形式而造成小蚕煤气中毒或养蚕人员中毒伤亡事故的发生。应用自动加温补湿器，能减少给桑回数，每天只要早晚各一次，且免盖防干纸。平均张种用电量10度左右，电费6元左右。空气湿润，桑叶保鲜时间长，可提高蚕儿的食下率和桑叶利用率。小蚕在适温适湿和空气新鲜的环境下，群体生长快，发育齐，蚕体强健，大蚕好养，蚕茧高产优质。

二、切桑机

切桑叶是精细饲养小蚕的一项重要工作。传统的养蚕切叶都是靠手工来完成,费时、费力、工效低。随着现代规模化养蚕经营模式的不断出现和劳动力价格的提高,为解决小蚕饲育中切桑劳动量大、切叶要求高、切叶时间长等问题,以切桑机替代手工切叶来提高养蚕经济效益,就显得非常必要。

切桑机的种类比较多,按动力方式可将切桑机分为纯手动切桑机、手动和电动兼备切桑机、纯电动切桑机三类。按切割主件的材质和构造方式又可分为以下三类:一是早期研制生产的橡皮滚轮加上活动式圆刀片;二是金属材质型螺旋滚刀式;三是全金属材质的单刃圆刀组加上固定在刀辊上的齿形刀排组合。这类切桑机是通过刀片的相对运动来完成桑叶切削过程的。圆盘多刀式切桑机主要由圆盘切刀、齿辊切刀以及安装在齿辊表面的推送刀排、电机、机架和进出料斗、传动装置等组成。工作时,电机通过带传动分两路分别带动主轴转动,桑叶从进料口喂入后,随即被推送刀推到圆盘刀的刀锋上,高速旋转的刀片瞬间把桑叶切成条状,然后从齿辊刀的小槽中掉落到出料斗上。齿辊刀的作用是防止桑叶未被切碎就直接掉落到料斗中,推送刀负责源源不断把桑叶向圆刀推送,保证刀片的连续作业。切出来的叶片大小由圆盘刀的间距决定,间距越大叶片就越大,如需要更小规格的叶片,可经 2 次或 3 次以上切碎即可。每小时的切桑量 80~300kg 不等。

三、电动喷粉器

目前河南省各蚕区基本都在推广省力化方法饲养大蚕,大蚕期很少除沙,每天必须大量使用石灰等药物进行蚕体蚕座消毒,通常用人工方法施药,但工效很低、且撒布不均匀、作业难度较大，一直困扰着蚕农。近年一种新型电动喷粉器问世了，很好地解决了这个难题。

该机具有结构紧凑、轻便小巧、操作使用方便、药粉喷撒均匀、作业效率高、消毒效果好的特点。这种新型电动喷粉器以锂电池为动力，每个 300m² 左右的养蚕大棚 15～30 分钟即可喷完，每充一次电可以喷近 5 个 300m² 左右的养蚕大棚，采用背负式，装满药后 16kg 左右，喷头可以调节速度和方向。注意使用时扬尘较大，应穿工作衣、戴口罩、帽子操作，喷完后停半个小时左右待扬尘落下后再喂蚕即可。

四、方格蔟采茧器

方格蔟采茧器的制作方法是用一条与方格蔟横径等长的木块，按照蔟孔的距离，在木块上钉上与蔟孔数量相同，略小于格孔的木棒，形状如木梳。采茧时，先取方格蔟一片，用采茧器先对好方格蔟第一行孔格，轻轻向下一压，即将茧压出孔外，然后再顺次压第二行以后的孔格，将所有的茧压出后，在蔟的背面用一直板或竹片刮一下即可快速收集，使用方格蔟采茧器能够明显提高工效。

参考文献

范涛.2013.桑园复合经营技术〔M〕.南京：东南大学出版社.

华南农业大学.1985.蚕病学〔M〕.北京：农业出版社.

黄君霆，朱万民，夏建国，等.1996.中国蚕丝大全〔M〕.成都：四川科学技术出版社.

黄可威，等.2009.蚕病防治学〔M〕.北京：金盾出版社.

舒惠国，金佩华.2014.蚕业资源综合利用〔M〕.杭州：浙江大学出版社.

苏州蚕桑专科学校.1991.桑树栽培及育种学〔M〕.北京：农业出版社.

苏州蚕桑专科学校.1998.桑树病虫害防治学〔M〕.北京：农业出版社.

王艳文，崔为正，王洪利.2014.省力高效蚕桑生产实用技术〔M〕.北京：中国农业科学技术出版社.

王照红.2013.种桑养蚕高效生产及病虫害防治技术〔M〕.北京：化学工业出版社.

吴海平，朱俭勋.2006.大棚养蚕技术〔M〕.杭州：浙江科技出版社.

浙江农业大学.1981.养蚕学〔M〕.北京：中国农业科学技术出版社.

中国农业科学院蚕业研究所.1985.中国桑树栽培学〔M〕.上海：上海科学技术出版社.

中国农业科学院蚕业研究所 . 1991. 中国养蚕学［M］. 上海：上海科学技术出版社.

周其明，包志愿 . 2015. 蚕桑生产实用技术集成［M］. 北京：中国水利水电出版社.